ZIELSICHERE BETONBILDUNG

AUF DER GRUNDLAGE DER VERSUCHSBERICHTE DES UNTERAUSSCHUSSES FÜR ZIELSICHERE BETONBILDUNG (UABb) IM ÖSTERR. EISENBETONAUSSCHUSSE

HERAUSGEGEBEN VON

OTTOKAR STERN
ZIVILINGENIEUR IN WIEN

ZWEITE, ERWEITERTE AUFLAGE

MIT 18 TEXTBILDERN UND
9 ABBILDUNGEN AUF 5 TAFELN

WIEN UND BERLIN
VERLAG VON JULIUS SPRINGER
1934

Erweiterte Sonderausgabe
aus „Mitteilungen über Versuche, ausgeführt
vom Österr. Eisenbeton-Ausschuß", Heft 14

ISBN-13: 978-3-7091-5157-0   e-ISBN-13: 978-3-7091-5305-5
DOI: 10.1007/978-3-7091-5305-5

Vorwort.

Schon in den wenigen Monaten seit dem Erscheinen des Heftes 14 der „Mitteilungen über Versuche, ausgeführt vom Österr. Eisenbetonausschuß", in welchem die Berichte über die bisherige Tätigkeit des Unterausschusses für zielsichere Betonbildung veröffentlicht wurden, hat sich trotz der besonderen Ungunst der Zeiten mehrfach die Gelegenheit ergeben, die dort aufgestellten Grundsätze und Erkenntnisse bei der Planung und Ausführung einer weiteren Anzahl wichtiger Betonbauten in Österreich anzuwenden. Es gereicht dem Berichterstatter zur besonderen Genugtuung, daß alle an diesen Bauführungen beteiligten Fachleute von den technischen und den wirtschaftlichen Wirkungen der durch die Vorversuche erhaltenen Angaben und der durch die besondere Art laufender Überprüfungen beherrschten Verfahren sich als überrascht und befriedigt erklärten.

Diese ersten Erfolge ermutigen den Gefertigten zu einer gesonderten und ergänzten Ausgabe der gegenständlichen Berichtgruppe des erwähnten Heftes 14, für welche er die freundliche Zustimmung des Österr. Eisenbetonausschusses nachgesucht und erhalten hat.

Wenn man auf einem ausgesprochen baupraktischen Gebiet, wie es die Betonbereitung ist, neue Grundlagen darzubieten und zu vertreten gedenkt, so empfiehlt es sich, den bereits vom zuständigen Unterausschuß beobachteten Vorgang auch weiterhin einzuhalten, darin bestehend, daß die neuen Grundlagen zunächst versuchspraktisch entwickelt, dann baupraktisch veranschaulicht und erst am Schlusse theoretisch begründet und streng wissenschaftlich ausgestaltet werden. Diese Darstellungsfolge ist aber keineswegs ein Bild des wirklichen Herganges jener Arbeiten, welche durch nunmehr fünf Jahre innerhalb eines kleinen Kreises der Ausschußmitglieder beharrlich fortgeführt worden waren. Der Entwicklungsgang führte vielmehr von der theoretischen Ausgestaltung in- und ausländischer Forschungsergebnisse zunächst zum Aufbau der potentiellen Systeme von Kornverteilungen und zur Klarstellung ihrer physikalischen Zusammenhänge mit den Fragen der Kornoberflächen, der Dichtigkeiten und der für die Steifebildungen auftretenden Wasseransprüche. Erst auf diesen theoretischen Unterlagen konnte eine zweckbewußte Versuchstätigkeit planmäßig einsetzen, im Zuge welcher sich jener sichtende Einblick in die theoretischen Vorarbeiten ergeben hat, welcher schließlich zu den in der „Zusammenfassung" (S. 41 u. ff.) ausgesprochenen Erkenntnissen und Schlußfolgerungen führte.

Sicherlich wird vielfach das Bedürfnis nach kritischer Überprüfung unserer Versuchsergebnisse empfunden werden. Da sei nun mit allem

Nachdruck empfohlen, sich nicht von der (im Hinblick auf die baupraktischen Leserkreise gewählten) Anordnung dieser Schrift dazu verleiten zu lassen, in engem Anschluß an ihre Darstellung die Versuche an anderen Orten, unter anderen Verhältnissen und mit anderen Rohstoffen einfach zu wiederholen. Die Erfahrungen des Berichterstatters bestätigen es geradezu ausnahmslos, daß ein solcher Vorgang nur zu Enttäuschungen führen müßte.

Aus diesem Grunde hat sich der Gefertigte entschlossen, in der vorliegenden Neuausgabe den Anhang A aufzunehmen. Er ist in erster Linie dazu bestimmt, den überprüfenden Versuchsansteller in jene Grundbegriffe einzuführen, ohne welche eine richtige Versuchsanordnung und Versuchsauswertung kaum erwartet werden kann. Daß es dabei immer noch eine Anzahl von Fragen gibt, welche wegen gebotener Kürze im Anhang A nicht Platz fanden, trotzdem sie von vielen Versuchsanstellern erfahrungsgemäß mißverstanden werden, sei hier nur am Beispiel der B-Wertversuche für Würfelfestigkeiten (Festigkeitsformel von Abrams) kurz dargelegt.

Wohl wird der aufmerksame Leser des Einleitenden Berichtes, des Schlußwortes und der Anhänge A und C den Nachweis finden, daß der Wasserzementfaktor schon eine Funktion aller jener Argumente ist, deren Fehlen der lapidar einfachen Abramsformel so oft zum Vorwurf gemacht wird; sie enthält aber mit dem Wasserzementfaktor und ihrem jeweiligen Festigkeitsplafond A auch schon alle diese Argumente. Trotzdem werden viele Versuchsansteller mit den B-Werten der Zusammenstellung auf Seite 5 weitaus größere Streuungen als die dort festgestellten erhalten. Sie haben dann eben wahrscheinlich nicht beachtet, daß der Verdünnungsabfall B ein jeweils zu bemessender Gütewert des verwendeten Zementes ist, der wesentlich von seinem Zustande und vom Erhärtungsalter abhängt. Überdies müssen die Bedingungen der Frischbetonerzeugung, der Versuchskörpererzeugung und der Nachbehandlung stets genau dieselben sein, wie sie bei der Ermittlung des betreffenden Verdünnungsabfalles B zu Recht bestanden.

Es ist übrigens ganz einerlei, welche der vielen Festigkeitsformeln zur Vorausberechnung der Würfeldruckfestigkeit verwendet wird: keine von ihnen kann zuverlässige Werte ergeben, wenn sie auf Versuchskörper bezogen wird, welche mit den Wertargumenten oder mit den Versuchsbedingungen der Formel nicht übereinstimmen. Näherungsziffern der Baustoffestigkeiten, wie wir sie aus der Statik gewohnt sind, können hier nicht als Gleichnis herangezogen werden. Hierin liegt einer der häufigsten Gründe für die Feststellung von Enttäuschungen bei der Nachprüfung von Betonforschungsergebnissen. Aber auch die größte Genauigkeit des Versuchsvorganges ist unzureichend, wenn der Versuchsansteller nicht in den Geist der Erkenntnisse eingedrungen ist. Nur dann ist er imstande, die Voraussetzungen, welche den Erkenntnissen zugrunde liegen, richtig auf die besonderen Umstände seines Falles zu übertragen. Es kann daher gar nicht genug betont werden, wie wichtig die Theorie für die praktische Handhabung ist.

Die vorliegende Theorie wird dem flüchtigen Leser des Anhanges A zunächst vielleicht schwierig erscheinen. Bei näherem Eindringen in die

Grundbegriffe und die potentiellen Gesetzmäßigkeiten wird sich sehr rasch das Gegenteil herausstellen. Die vollständige und gründliche Erfassung durch theoretisch Vorgebildete erfordert nur eine kurze Anstrengung bei gesammelter Aufmerksamkeit. Als Gewinn ergeben sich dann Klarstellungen, welche viele bis dahin verwickelt erschienene Beobachtungen und Erfahrungen des Betonverhaltens durchleuchten.

Nur ein Beispiel! Die Theorie macht es nun verständlich, warum die Betonforschung aller Länder seit Jahrzehnten ein unbestimmtes Gefühl besonderer Vorteile bei der Prüfung von Kornabstufungen nach geometrischen Reihen bekundete: Bilden doch letztere nichts anderes als logarithmische Systeme, deren Logarithmenbasis der jeweilige Reihenfaktor ist und welche zugleich Maßreihen für die Wasseransprüche und für die erzielbaren Festigkeiten sind!

Die Anhänge B und C stellen jene Ergebnisse dar, welche erst nach Abschluß der Ausschußberichte erzielt wurden, die also eine Fortentwicklung im Sinne schärferer wissenschaftlicher Erfassung (z. B. der technologischen Zusammenhänge des Abrams'schen Feinheitsmoduls) bilden und — was daran vielleicht am begrüßenswertesten erscheint — auch zu wesentlicher Vereinfachung in der Beurteilung der so wichtigen regellosen Kornverteilungen führen. Wie wichtig die letztere auch für scheinbar abseits liegende Gebiete ist, z. B. für das Gesamtsystem der Zementnormen, zeigt Anhang B, V, da aus ihm hervorgeht, daß ein allzu ängstliches Festhalten an einem bestimmten Regelsand für die Vergleichbarkeit der Prüfungsergebnisse entbehrlich ist, wenn nur die Normenmörtel stets in einem genau festgelegten Steifegrad, d. h. mit demselben Wasser-Trockenstoffaktor, erzeugt werden. Damit erscheinen die Verschiedenheiten in den bezüglichen Normenbestimmungen technisch führender Länder als belanglos und mancherlei Vereinfachungen als zulässig nachgewiesen.

Auch das dunkle Gebiet der Zugfestigkeiten des Betons dürfte sich auf den im Anhang C betretenen Wegen alsbald aufhellen lassen. Daß derlei funktionelle Zusammenhänge wie jene der Betonfestigkeiten gegen Druck und Zug nicht im bloßen Versuchswege erkennbar sind, dürfte niemand weiter wundernehmen. Die hier gebotenen baupraktischen Behelfe für die rasche und sichere Ablesung der zu erwartenden Druck- und Zugfestigkeiten lassen um so mehr den Wert sorgfältiger Vorversuche und einer genauen Betonerzeugung in die Augen springen.

Der Berichterstatter ist allen Fachkollegen dankbar, welche die Ausschußarbeiten durch Mitteilungen ihrer Erfahrungen mit den neuen Grundlagen fördern. Anderseits kennt der Österr. Unterausschuß schon durch die vorjährigen baupraktischen Anwendungen im Eisenbeton- und im Betonstraßenbau eine Anzahl junger, praktisch und wissenschaftlich gut eingearbeiteter und von der Sache begeisterter Ingenieure, welche sich zu Einführungszwecken im In- und Ausland jeweils gerne zur Verfügung stellen.

Im März 1934.

Ottokar Stern
Anschrift: Wien, Porrhaus.

Inhalt.

Vorbemerkung
zu den Versuchsberichten des UABb.

Die folgenden Versuchsberichte (S. 3—52) weisen gegenüber ihrer Fassung im Heft 14 der „Mitteilungen über Versuche, ausgeführt vom Österr. Eisenbeton-Ausschuß" (Wien 1933, Verlag Österr. Ingenieur- und Architekten-Verein), nur solche Änderungen bezw. Ergänzungen auf, durch welche die Berichterstatter seitherige Versuchsergebnisse und Fortschritte berücksichtigen, bezw. durch welche der Gefertigte auf Begründungen und Erläuterungen der Anhänge A, B und C hinweist.

Demgemäß wurde auch die Bezifferung der Kornpotenz-Ordnungen unverändert belassen, was bei allfälligen Gegenüberstellungen der Versuchsberichte und der Anhänge im Sinne des Anhangs A, Abschnitt I, Ziffer 5 (S. 54), zu beachten ist.

Der Herausgeber.

Einleitender Bericht,

erstattet vom Obmann des UABb, Stadtbaurat Ing. Dr. **Rudolf Tillmann**, Wien.

Im Rahmen der Fachgruppe der Bau- und Eisenbahningenieure des Österr. Ingenieur- und Architekten-Vereines sowie des Österr. Betonvereines fanden im Laufe des Jahres 1931 acht Wechselredeabende über obiges Thema statt. Bei den ersten dreien dieser Veranstaltungen hatte der Berichterstatter, Baudirektor Ziv.-Ing. O. Stern, das Wort und trug den Stand der Technologie des Betons auf Grund der ihm bis dahin bekanntgewordenen wissenschaftlichen Arbeiten des In- und Auslandes, ergänzt durch eigene Forschungen, vor. Die restlichen fünf Abende waren dem Meinungsaustausch gewidmet, dem ein zahlreicher Interessentenkreis lauschte und in den insgesamt 25 Fachleute wohlvorbereitet eingriffen. Bei seinen Antwortreden hatte der Berichterstatter Gelegenheit, die Ausführungen der einzelnen Wechselredner von seinem Standpunkte aus kritisch zu beleuchten. Der Inhalt dieser sehr anregenden Fachaussprache, in die auch ein tiefgründiger zementphysikalischer Vortrag des Hofrates Ing. L. Jesser eingebaut war, dürfte in nächster Zukunft als Monographie veröffentlicht werden.

Um die Anregungen, die aus dieser Wechselrede geschöpft wurden, für die künftige Entwicklung der betontechnologischen Forschung und Praxis nutzbar zu machen, wurde von der Fachgruppe über Anregung des Oberbaurates Dr. Ing. F. Emperger die Entschließung gefaßt, dem Österr. Eisenbetonausschuß die Schaffung eines Unterausschusses für die Weiterbehandlung dieses Gegenstandes vorzuschlagen. Dieser Unterausschuß wurde auch im Jänner 1932 mit folgendem Mitgliederstande eingesetzt:

Baravalle, Ing. Dr. F., Hochschulassistent, Bittner, Ing. Dr. E., Hochschulassistent, Brzesky, Ing. A., Konsulent, Emperger, Dr. Ing. F., Oberbaurat, Ziv.-Ing., Ertl, Ing. Dr. H., Hochschulassistent, Grengg, Ing. Dr. R., o. ö. Prof., Honigmann, Ing. E. J. M., Assistent, Olexinzer, Ing. J., Ziv.-Ing., Schreier, Ing. O., Direktor, Spindel, Ing. M., Oberbaurat, Stern, Ing. O., Baudirektor, Ziv.-Ing., Tillmann, Ing. Dr. R., Stadtbaurat (Obmann), Vieser, Ing. Dr. W., Ziv.-Ing., Zeissl, Ing. J., Direktor, sämtliche in Wien.

Im Verlaufe seiner Tätigkeit ist es dem UABb gelungen, auch den Vorstand des Materialprüfamtes der Techn. Hochschule in Stuttgart, Prof. Ing. O. Graf, als Mitglied zu gewinnen.

Dank der Bemühungen dieses Ausschusses, insbesondere aber seines Referenten und hervorragenden Förderers O. Stern und dessen engsten Mitarbeiters J. Zeissl sowie des Entgegenkommens der Techn. Versuchsanstalt der Techn. Hochschule in Wien (Prof. Dr. Ing. F. Rinagl) und

4

der Wiener städt. Prüfanstalt für Baustoffe (Oberstadtbaurat Ing. Dr. A. Hasch) ist der UABb bereits zu wichtigen neuen Erkenntnissen gelangt, die eindeutig den grundsätzlichen Weg zur Erreichung des angestrebten Zieles weisen, die Zementbeigabe z und die erforderliche Mischwassermenge w (Wasserbeigabe + Eigenfeuchtigkeit des Zuschlages) je 1000 kg Trockenstoffe vorauszubestimmen, die bei gegebener Zement- und Zuschlagmarke zu einem Frischbeton verlangter Konsistenz (Steife-, bezw. Flüssigkeitsgrad) und einem erhärteten Beton von geforderter Würfelfestigkeit (W_b) führen.

Das bekannte, durch rund 50.000 Versuche gedeckte Gesetz von D. A. Abrams (Chicago) $W_b = \dfrac{A}{B^f}$ hat sich auch bei den Versuchen des UABb bestätigt. Der „Druckfestigkeitsplafond" A sei hier nach Abrams (1918) mit dem Festwert 1000 kg/cm^2 angenommen und $f = \dfrac{w}{z}$ gesetzt.

Der „Verdünnungsabfall" B ist darin eine nur von der Zementgüte und dem Alter der Probekörper abhängige Größe, deren Mittelwerte für die derzeit wichtigsten österr. Zementmarken durch eine Versuchsreihe des UABb bestimmt wurden.

Wie aus der folgenden Zusammenstellung hervorgeht, wurden mit jeder von vier Zementmarken 10 Probewürfel (20 cm) erzeugt, welche durchwegs gleichen Wasserzementfaktor (0·7) und Zementgehalt, gleiche Zuschlagstoffgattung sowie gleiche Kornverteilung und Betonsteife aufwiesen. Aus der mittleren 28tägigen Druckfestigkeit wurde der jeweilige Verdünnungsabfall B nach der Abrams-Formel errechnet, so daß die mit letzterem vorzunehmenden Vorausberechnungen gegenüber den wirklichen Festigkeitswerten die eingetragenen, verhältnismäßig geringen Streuungen ergeben.

Für die Beurteilung der mit Handelsportlandzementen unserer führenden Marken zu erwartenden 28 tägigen Würfeldruckfestigkeiten kann hienach überschlägig mit $B = 10$ gerechnet werden, wodurch es möglich wird, am Rechenstab den zu $\dfrac{w}{z}$ (als Logarithmus) gehörigen Numerus, bezw. dessen reziproken Wert abzulesen, um unmittelbar die voraussichtliche Festigkeit zu erhalten. Bei der ungefähren Vorausberechnung der 28tägigen Würfeldruckfestigkeit frühhochfester Portlandzemente derselben Marken empfiehlt es sich hingegen, $B = 8$ zu setzen. Dann hat die angedeutete Ermittlung am Rechenstab aber nur mit $0·9 \cdot \dfrac{w}{z}$ zu erfolgen. Derlei B-Werte sind natürlich nur ganz rohe Näherungen (vgl. Anhang C, I).

Wie erwähnt, beruhen vorstehende Kontrollversuche noch auf dem von Abrams i. J. 1918 festgestellten und von ihm als absolute Konstante betrachteten 28tägigen Druckfestigkeitsplafond von 1000 kg/cm^2. Seither haben sowohl Abrams als auch andere Forscher — gleich dem Referenten des UABb — dank den erzielten Fortschritten in der Zementerzeugung einerseits eine Steigerung und anderseits eine gewisse Abhängig-

Zusammenstellung der B-Wertversuche.

Deck-zeichen der Marke	Handelsportlandzement				Deck-zeichen der Marke	Frühhochfester Portlandzement			
	Druckfestigkeit =			B		Druckfestigkeit =			B
	Einzelwert	Mittel	Streuung			Einzelwert	Mittel	Streuung	
	kg/cm^2		$^0/_0$			kg/cm^2		$^0/_0$	
I	200				I_h	270			
	219					250			
	197					258			
	218		$+ 5.8$			245		$+ 6.3$	
	[276]¹)	207	bis	**9.5**		248	254	bis	**7.1**
	[234]¹)		$- 4.8$			248		$- 7.5$	
	204					260			
	203					260			
	213					265			
	205					235			
II	175				II_h	226			
	178					233			
	179					235			
	181		$+ 8.5$			206		$+ 7.3$	
	192	177	bis	**12.0**		215	219	bis	**8.7**
	169		$- 6.8$			214		$- 6.0$	
	183					209			
	173					210			
	178					223			
	165					223			

¹) Infolge Fehlers in der Versuchsdurchführung von der Mittelbildung ausgeschieden.

keit dieser Kennzahl von der Stoffbeschaffenheit beobachten können. Hier sei nur kurz darauf hingewiesen, daß die Ermittlung des Druckfestigkeitsplafonds für bestimmte Baustoffe nichts anderes erfordert als die Wiederholung der vorangeführten Versuchsreihen unter Anwendung noch eines zweiten Wasserzementfaktors, der ebenfalls guten Zusammenhalt der Mischen gewährleistet. Für jede Stoffgattung ergeben sich auf diese Weise zwei Gleichungen mit den Unbekannten A und B. Die gesuchten Werte sind dann:

$$A = \left(\frac{W_1^{f_2}}{W_2^{f_1}} \right)^{\frac{1}{f_2 - f_1}}; \qquad B = \left(\frac{W_1}{W_2} \right)^{\frac{1}{f_2 - f_1}}$$

Für je einen Wasserzementfaktor f (z. B. 0.7) entsprechen die zugehörigen Druckfestigkeiten W dem Mittelwert der Festigkeiten einer Versuchsreihe (z. B. laut obiger Zusammenstellung). Eine nähere Betrachtung der vorstehenden Ausdrücke für A und B läßt erkennen, daß **in**

verschiedenen Erhärtungsaltern der Quotient $\dfrac{W_1}{W_2}$ wesentlich größeren

Veränderungen unterliegt als $\dfrac{W_1^{f_2}}{W_2^{f_1}}$. Für $1 > f_1 < f_2 < 1$ gilt stets

$W_1 > W_2$. Der Quotient $\dfrac{W_1}{W_2}$ nimmt ab mit zunehmendem Erhärtungsalter, d. h. die beiden Festigkeitswerte nähern einander. Demgegenüber
wird aber $W_1^{f_2}$ in wesentlich geringerem Maße verkleinert als $W_2^{f_1}$, so
daß der Quotient dieser beiden Potenzen trotz zunehmendem Erhärtungsalter unverändert bleibt, sobald sich nur (für zusammenhaltende Mischen) die Druckfestigkeiten jedes Zementes bei verschiedenen Erhärtungsaltern ($W_{t_1} < W_{t_2}$) umgekehrt verhalten wie
die Verdünnungsabfälle in diesen Erhärtungsaltern, erhoben zur
Potenz des jeweiligen Wasserzementfaktors f, also unter der Bedingung
$W_{t_2} : W_{t_1} = B_{t_1}^{f} : B_{t_2}^{f}$. Der Wert A erscheint somit nach neuester
Erkenntnis im Gegensatz zu B als ein vom Erhärtungsalter unab-
hängiger Kennwert des Zementes. (Vgl. Anhang C, III, Schlußabsätze.)

Für den Zusammenhang zwischen dem Wasseranspruch w einerseits
und der Beschaffenheit (petrographisch-morphologische Natur, Kornverteilung) der Zuschläge und der jeweiligen Konsistenz des Frischbetons
anderseits wurde aus den Ergebnissen der bisherigen Versuche des UABb
ein sehr einfaches Gesetz gefunden. Von ähnlich verblüffender Einfachheit ist die so wichtige Beziehung, die sich zwischen dem Höchstdichtig-
keitsgrad des Frischbetons $\Delta \left(\dfrac{\text{Vollraum der Trockenstoffe}}{\text{Raum des eingerüttelten Frischbetons}} \right)$ und
der Zuschlagstoffgattung und -körnung aus den erwähnten Versuchen
ableiten ließ.

Am 4. und 10. Mai 1933 wurden einem größeren Kreis von Fachleuten
die neuen Erkenntnisse nach kurzer Erläuterung an einigen praktischen
Versuchen vorgeführt. Dabei wurde als vortrefflicher Ersatz der
Rechnung die „Kornpotenzwaage" nach O. Stern benutzt, deren Grund-
gedanke und Einrichtung aus dem einschlägigen Schrifttum als bekannt
vorausgesetzt werden kann. Die oben angedeuteten neuen Gesetze für w
und Δ, ferner eine Studie über Zuschlagstoffe mit sogenannten Ausfallkörnungen und die hinsichtlich der vielumstrittenen Frage der Konsistenz-
messung durch die Versuche des UABb gewonnenen Erkenntnisse sind
in den nachstehenden Berichten I bis III vom physikalischen und baupraktischen Standpunkte ausführlicher behandelt.

Möge dieser Beitrag zur Betontechnologie das Interesse und Vertrauen
weiterer Fachkreise gewinnen und sich auf diesem Wege möglichst bald
im Sinne einer zweckbewußten, der Sicherheit und Wirtschaftlichkeit
in gleichem Maße dienenden Herstellungsart des Betons auch in der Baupraxis auswirken! Über die weiteren Arbeiten des UABb, dessen Aufgabe mit dem bisher Erreichten noch lange nicht vollständig gelöst ist,
wird fortlaufend berichtet werden.

I. Bericht über die Versuche zur Bestimmung von Wasseranspruch, Wasserzementfaktor, Dichtigkeitsgrad und der notwendigen Zementmenge mittels der Kornpotenzwaage.

Erstattet vom Versuchsansteller Ing. **Ignaz Zeissl** in Wien an den U. A. für zielsichere Betonbildung.

Mit der Kornpotenzwaage lassen sich zwei grundsätzlich verschiedene Aufgaben sicher und mühelos lösen.

1. Man kann auf der Waage für ein gegebenes Trockenstoffgemenge und für eine gewünschte Betonsteife die notwendige Wassermenge, u. zw. in Litern je 1000 *kg* Trockenstoff ermitteln. Ebenso läßt sich der Wasserzementfaktor unmittelbar ablesen und auch der Undichtigkeitsgrad (d. h. der perzentuelle Anteil der Hohlräume in einem plastischen Beton) bestimmen. Sohin kann man alle diese üblicherweise vorkommenden Aufgaben erfüllen.

2. Man kann aber mit der Kornpotenzwaage eine zweite wirtschaftlich und sicherheitlich interessantere Aufgabe lösen. Es läßt sich nämlich zu einem gegebenen Zuschlagstoff (also noch ohne Kenntnis des Zementanteiles) und für einen geforderten Wasserzementfaktor (d. h. für eine vorgeschriebene Festigkeit) sowie für eine geforderte Konsistenz **direkt die notwendige Zementmenge** bestimmen, indem das notwendige Mischungsverhältnis ermittelt werden kann. Natürlich läßt sich zugleich für das so erhaltene Gemenge wie unter 1. auch der Wasseranspruch in Litern je 1000 *kg* Trockenstoff und der Undichtigkeitsgrad ablesen.

Erste Aufgabe.

Als Vorfrage für alle vorgenannten Daten mußte zunächst eine Grundaufgabe gelöst werden: „Wie bestimmt man die zu einem Korngemenge notwendige Wassermenge, um eine **bestimmte Konsistenz** zu erhalten?"

Im Laufe unserer Versuche sind wir immer mehr zur Überzeugung gekommen, daß der Weg über den Feinheitsmodul nur dann, aber dann ganz zum Ziele führt, wenn nicht der resultierende Feinheitsmodul des ganzen Gemenges, sondern die Feinheitsmoduln der einzelnen Fraktionen in die Berechnung eingeführt werden. Es hat sich nämlich ergeben, daß der Wasseranspruch für eine denkbar steifste Konsistenz irgendeiner einzelnen Korngruppe eines Gemenges (das Gemenge immer einschließlich Zement betrachtet) sich bestimmt zu

$$w = \left(\frac{10}{r}\right)^3 \; l/1000 \; kg \; \text{Trockenstoff}$$

wobei r der wirksame Feinheitsmodul dieser Fraktion ist. Diese Formel gilt nur für den Einfluß der Fraktionen im Gemenge, nicht für eine Fraktion allein, so daß der tatsächliche Wasseranspruch für ein Gemenge aus z. B. zehn Fraktionen sich bestimmt zu (in Litern je 1000 kg Trockenstoffen):

$$\omega_x = \frac{g_1 \left(\dfrac{10}{r_1}\right)^3 + g_2 \left(\dfrac{10}{r_2}\right)^3 + \ldots + g_{10} \left(\dfrac{10}{r_{10}}\right)^3}{g_1 + g_2 + \ldots + g_{10}} \cdot k_x.$$

Der so erhaltene Wert des Bruches, von uns Verteilungszahl λ genannt — weil hiedurch die Art der Verteilung der Körner im Gemenge weitgehend gekennzeichnet wird —, muß für die verschiedenen Konsistenzen mit einer für gleiche Konsistenz, gleiche Zuschlagstoff- und Zementgattung immer gleichen Konstanten, von uns Verdünnung k_x genannt, multipliziert werden, um den endgültigen Wasseranspruch ω_x für die betreffende Konsistenz zu erhalten:

$$\omega_x = \lambda \cdot k_x.$$

Die Verdünnung k_x bewegt sich von nahe 1 für „schwach erdfeuchten" Beton bis über 2 für „dünnflüssigen" Beton und beträgt nach unseren Versuchen mit Rundkörnungen (Tfl. I) für erdfeuchten Beton 1·16, für plastischen Beton 1·53 und für Gußbeton 1·8. Hat ein Baustoffgemenge z. B. die Verteilungszahl 50, so braucht man für erdfeuchten Beton $50 \times 1·16 = 58\ l$, für plastischen Beton $50 \times 1·53 = 76·5\ l$ und für Gußbeton $50 \times 1·8 = 90\ l$ Wasser je 1000 kg Trockenstoff. Diese Werte stimmen im allgemeinen bis auf $\pm 3\%$ genau. Nur bei extremen Kornverteilungen und bei extremen Konsistenzen kommen, aber auch nur ausnahmsweise, Abweichungen bis zu $\pm 7\%$ vor.

Hier ist noch über die Feinheitsmoduln etwas einzuschalten. Die in die Formel einzusetzenden Feinheitsmoduln sind das arithmetische Mittel der dekadischen Logarithmen der beiden Nachbarsieblochdurchmesser, in Mikron ausgedrückt (vgl. Anhang. B, I). Also für Sand, welcher durch ein 2-mm-Sieb durchfällt und auf dem 1-mm-Sieb liegenbleibt, setzen wir als Feinheitsmodul (Schlußkornpotenz) den Wert

$$r = \frac{\log 2000 + \log 1000}{2} = \frac{3·3 + 3·0}{2} = 3·15\ \text{ein}.$$

Nur mit dem Zement muß eine Ausnahme gemacht werden. Der von uns verwendete Zement mußte mit einem wirksamen Korndurchmesser von 76·5 μ eingesetzt werden, so daß sich ein Feinheitsmodul von 1·883 für den Zement ergab[1]) (vgl. Anhang B, II).

Dieser wirksame Zementfeinheitsmodul wird vermutlich zufolge verschiedenartiger Kornknollenstruktur im Feuchtgemenge für verschiedene Zemente etwas schwanken, jedoch wahrscheinlich immer innerhalb enger Grenzen, etwa 1·8—2, bleiben.

Die Ermittlung des Wasseranspruches irgendeines Trockenstoffgemenges kann nun durch Wägung oder Rechnung in folgender Weise geschehen:

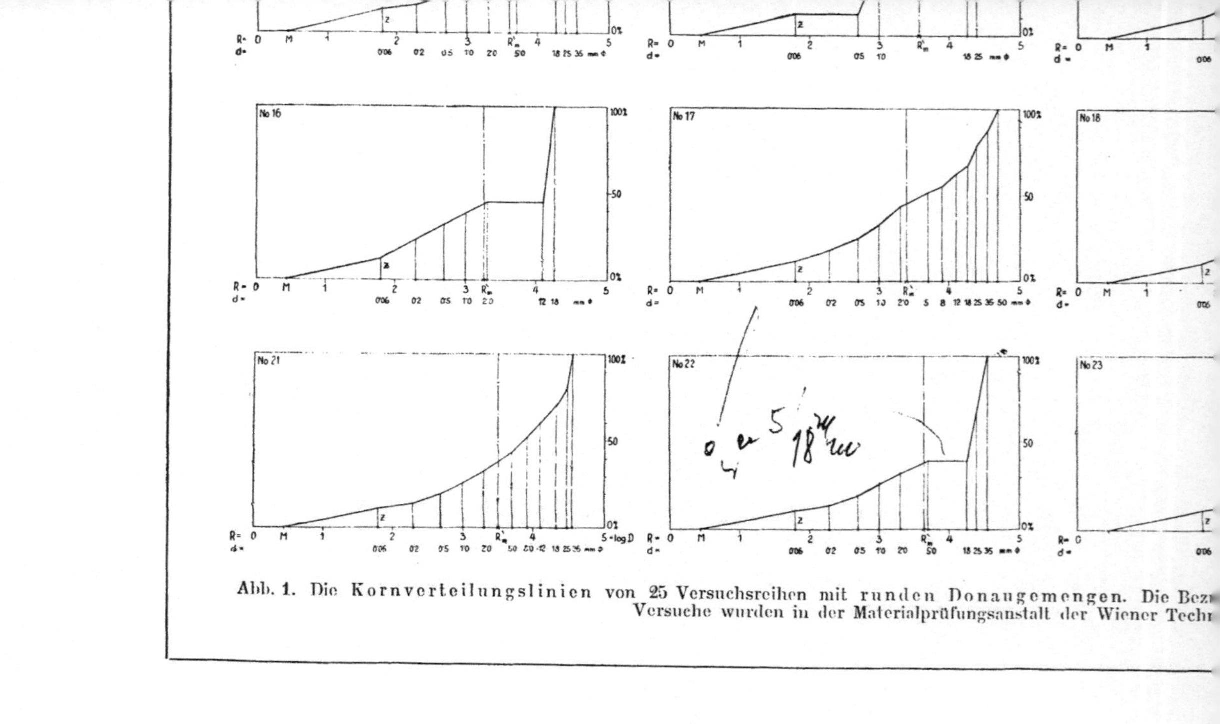

Abb. 1. Die Kornverteilungslinien von 25 Versuchsreihen mit runden Donaugemengen. Die Bez... Versuche wurden in der Materialprüfungsanstalt der Wiener Tech...

Ing. Ignaz Zeissl

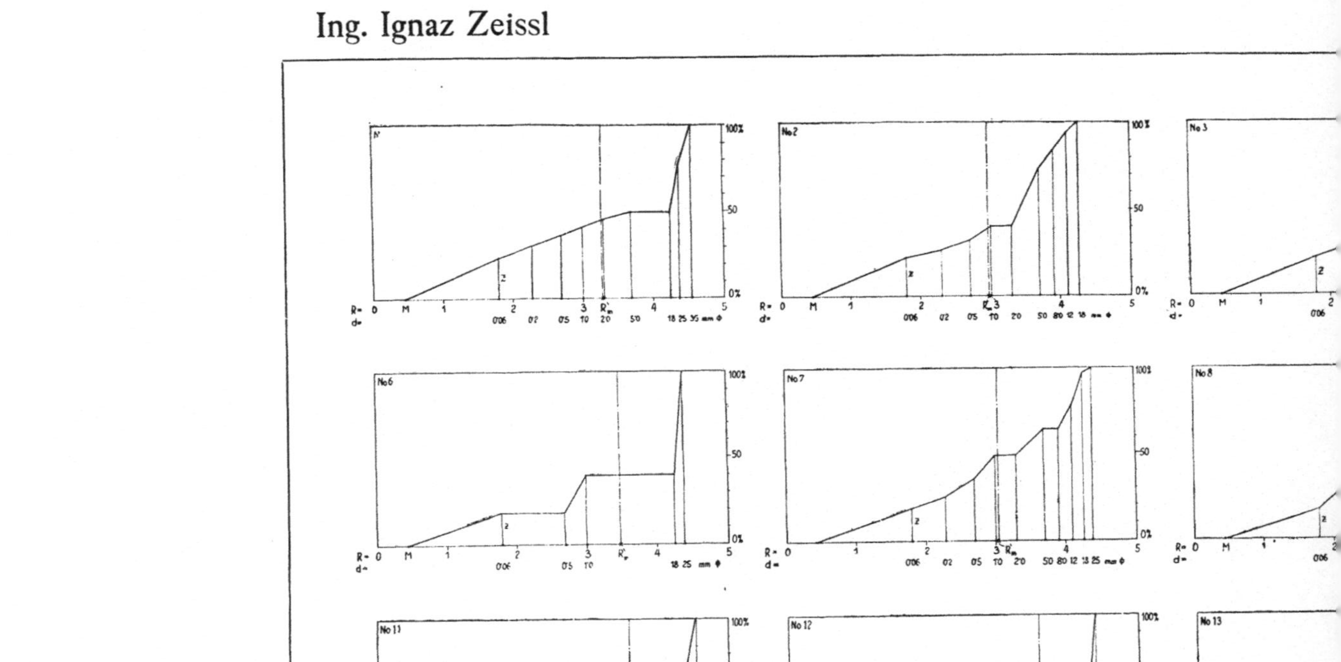

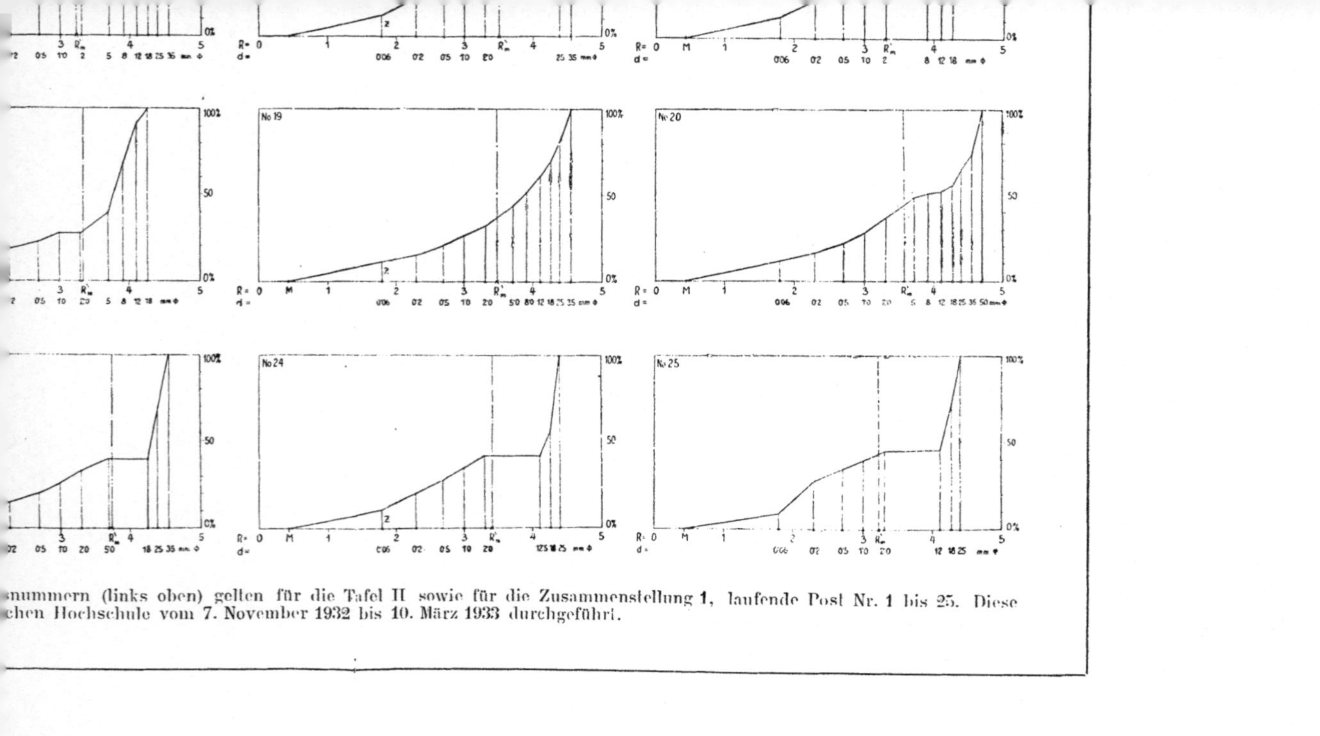

...nummern (links oben) gelten für die Tafel II sowie für die Zusammenstellung 1, laufende Post Nr. 1 bis 25. Diese ...chen Hochschule vom 7. November 1932 bis 10. März 1933 durchgeführt.

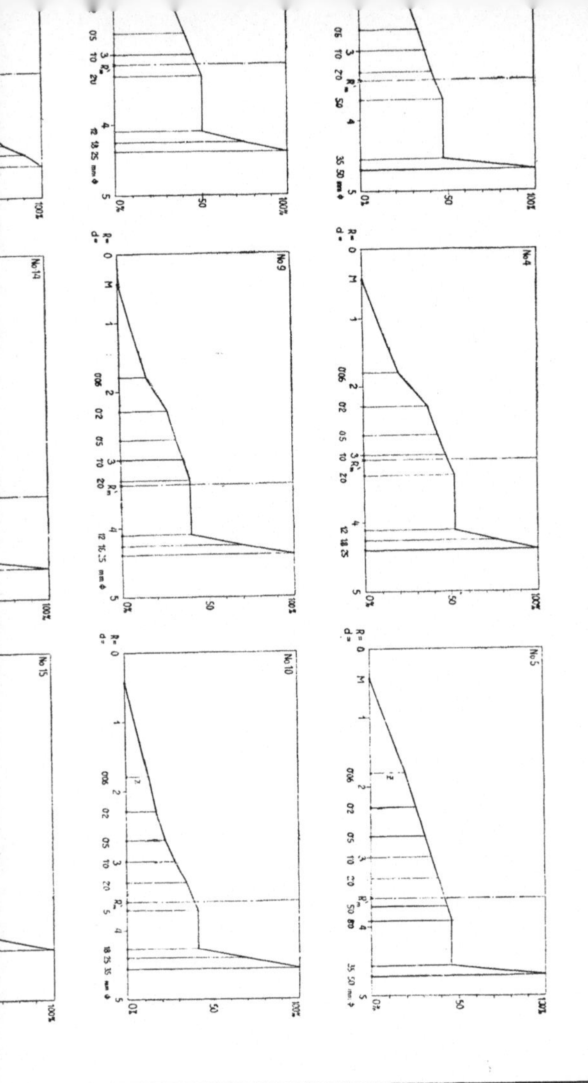

Tafel I

Auf der Kornpotenzwaage sind die Schalen für die einzelnen Kornfraktionen in einem Abstand von der Drehungsachse gleich $\left(\dfrac{10}{r}\right)^3$ aufgehängt. Der Zuschlagstoff wird getrocknet, durch Siebung getrennt und in die passenden Schalen gefüllt. In die Zementschale braucht nicht der Zement, sondern bloß das entsprechende Gewichtstück gelegt zu werden. Alle Schalen ergeben zusammen ein Drehmoment von der Größe

$$g_1 \left(\frac{10}{r_1}\right)^3 + g_2 \left(\frac{10}{r_2}\right)^3 + \ldots\ldots + g_n \left(\frac{10}{r_n}\right)^3$$

d. i. aber gleich dem Wasseranspruch ω_o der 1000fachen Probemenge für eine ideelle Betonsteife 1. Verschiebt man nun am andern Arm der Waage ein Laufgewicht $G = g_1 + g_2 + \ldots + g_n$, also gleich der Summe der Einzelgewichte unserer Probemenge, so lange, bis die Waage einspielt, so erhält man je 1000 kg Gemenge

$$\lambda = \frac{g_1 \left(\dfrac{10}{r_1}\right)^3 + g_2 \left(\dfrac{10}{r_2}\right)^3 + \ldots\ldots + g_n \left(\dfrac{10}{r_n}\right)^3}{G}$$

welche als „Verteilungszahl" benannt wurde. Sie stellt den Wasseranspruch je 1000 kg Trockenstoff für die ideelle Verdünnung 1 dar. Dies wäre als ein sehr schwach erdfeuchter Beton zu denken. Für eine gewünschte praktische Konsistenz muß λ noch mit der entsprechenden Verdünnung k_x multipliziert werden.

Beispiel:

Versuchsgemenge Nr. 22 der Tafeln I und II, Mischung 1 : 8 nach Gewichtsteilen.

Körnung	g_x in kg	$\left(\dfrac{10}{r}\right)^3$	l Wasser je 1000facher Korngruppe
Zement (0·0027—0·1 mm)[1].	1·10	150	165
0·06— 0·2 mm	0·35	125	44
0·2 — 0·5 ,, ...	0·53	64	34
0·5 — 1 ,, ...	0·62	43	26
1 — 2 ,, ...	0·62	32	20
2 — 5 ,, ...	0·71	23	16
18 —25 ,, ...	2·80	12·5	35
25 —35 ,, ...	3·20	11·0	35
Gesamtmenge	9·93 Tonnen erfordern		375 l Wasser,

---

[1] Siehe II. Bericht, S. 19: die ermittelte Kornverteilung der Marke „Robur". Ihre Kornknollen ergeben den Ø 76·5 µ, wenn Fußnote [6] sinngemäß ausgewertet wird $\left(n = 3\frac{1}{3}\right)$. Mit $r = 1\cdot883$ ergibt sich als Einflußfaktor $\left(\dfrac{10}{1\cdot883}\right)^3 = 5\cdot313^3 = 150 = \dfrac{500}{3\frac{1}{3}}$ (vgl. [6] und S. 29). Für die darauffolgende Körnungsgruppe ist aber $r = \dfrac{1\cdot78 + 2\cdot3}{2} = 2\cdot04$, daher der Einflußfaktor $\left(\dfrac{10}{2\cdot04}\right)^3 = 5^3 = 125$ usw.

d. h. $\lambda = \dfrac{375}{9\cdot93} = 37\cdot8$. Die Verdünnung beträgt bei dem von uns verwendeten Zuschlagstoff (Rollkies und Mahlsand), wie schon erwähnt, für erdfeuchten Beton $1\cdot16$, für plastischen Beton $1\cdot53$ und für Gußbeton $1\cdot8$. Sie muß bei Änderung der Natur des Zuschlagstoffes in der Aufnahmeschrift (s. das Muster, S. 13) neu festgelegt werden und bleibt bei demselben Zuschlagstoff für jede Kornfolge desselben konstant.

Die Ermittlung der Verdünnungen hat durch Vorversuch zu geschehen und ist ganz einfach: Man bestimmt die Verteilungszahl λ auf der Kornpotenzwaage, vermengt alle Korngruppen und gibt so viel Wasser dazu, bis die gewünschte Konsistenz erreicht wird, und der Quotient aus Wasser ω_x durch Verteilungszahl λ ist die Verdünnung k_x für die betreffende Konsistenz (vgl. S. 50).

Als Prüfmaß der gewünschten bzw. erzeugten Konsistenz verwendeten wir regelmäßig die Angaben des Umformungsversuchs von Powers,[1]) welche wir aber auch sehr oft mit jenen der Ausbreitprobe und zu wiederholten Malen auch mit der Setzprobe in Vergleich stellten. Die Ergebnisse des Gleitversuchs nach Skramtaëff[2]) erwiesen sich als unbrauchbar. Die probeweise Benutzung des Eindringversuchs[3]) nach Otto Graf soll bei den weiteren Versuchen mit morphologisch verschiedenen Zuschlagstoffen noch erfolgen.

Die Kornpotenzwaage löst zugleich noch eine weitere Aufgabe.

Wird nämlich als Laufgewicht nicht (wie beim ersten Versuch) das gesamte Trockenstoffgewicht, sondern nur das Zementgewicht gewählt, so ergibt sich als Ablesung der „Wasserzementfaktor" $\left(\dfrac{w}{z}\right)$. Man erkennt dies am besten durch den Drehmomentensatz:

Das Drehmoment auf der rechten Seite der Waage ergibt — wie bereits oben dargetan —

$$w_o = g_z \left(\frac{10}{r_z}\right)^3 + g_1 \left(\frac{10}{r_1}\right)^3 + \ldots \ldots + g_n \left(\frac{10}{r_n}\right)^3$$

wobei jetzt g_z und r_z Gewicht und wirksamer Feinheitsmodul des Zementes bedeuten. w_o bedeutet das Wasser für die 1000fache Probemenge $g_z + g_1 + \ldots + g_n$ und für Verdünnung $= 1$. Nun legt man links in das leere Laufgehänge nur g_z und verschiebt dasselbe so lange bis Ausgleich eintritt, also bis zum Teilungspunkte x. Es ist dann

$$g_z \cdot x = 0\,001\,w_o, \text{ oder } 1000 \cdot x = \frac{w_o}{g_z} = \left(\frac{w}{z}\right) \text{ der Wasserzementfaktor. Also}$$

gibt der Abstand $x = \lambda_f = \left(\dfrac{w}{z}\right)_{k=1}$ schon die gesuchte Ablesung an. Auch diese Ablesung λ_f für die Verdünnung 1 muß selbstredend wieder mit

[1]) Engineering News-Record, 10. März 1932, S. 372.
[2]) „Österr. Bauzeitung", 1932, H. 22, S. 262.
[3]) Heft 71 des „Deutscher Ausschuß für Eisenbeton", S. 57.

der Verdünnung k_x multipliziert werden, um für die **geforderte Konsistenz** den richtigen Wert zu geben: $\left(\dfrac{w}{z}\right) = \lambda_f \cdot k_x$.

Der physikalische Zusammenhang von **Wasseranspruch und Dichtigkeitsgrad der Gemenge** gestattet in gleicher Weise auch die Ermittlung des letzteren aus der Verteilungszahl λ_x.

Es hat sich tatsächlich gezeigt, daß dieselbe Verteilungszahl λ bezeichnenderweise auch ein Maß für den Undichtigkeitsgrad u, d. h. ein Maß für den perzentuellen Anteil der mehr oder weniger wassergefüllten Hohlräume in einem plastischen Beton, im eingerüttelten Zustande, bildet. Dieser Undichtigkeitsgrad u war bei den untersuchten Zuschlagstoffen

$$u = \lambda \cdot 0{\cdot}378.$$

Dichtigkeitsgrad $\Delta = 100 - u$. Das Proportionalitätsmaß stellt also den **Dichtigkeitsfaktor** $\delta = 0{\cdot}378$ für diese Stoffgattung dar.

Z. B. für $\lambda = 50$ ergibt sich $u = 50 . 0{\cdot}378 = 18{\cdot}9\%$, d. h. im plastischen Beton mit der Verteilungszahl 50 sind 19% Hohlraum und 81% Vollraum (Zement und Zuschlagstoff). Wasser ist hier dem Hohlraum zugerechnet (vgl. III. Bericht, Fußnote 3, S. 24).

Diese Zahlen ergeben sich als Maxima der Dichtigkeit in gerütteltem Zustande. Für die Ermittlung von u im Versuchswege haben wir unser Meßgefäß zur Bestimmung des Volumens aus einem ca. 8 *mm* starken Stahlrohr von 160 *mm* innerem Durchmesser und 300 *mm* Länge mit eingeschweißtem Boden hergestellt und, nachdem der plastische Beton eingefüllt war, mit 50 Schlägen eines Handhammers, verteilt auf die ganze Außenfläche der Behälterwand, den Beton eingerüttelt. Gleichzeitig belasteten wir den Kolben dieses Meßgefäßes mit einem 20-*kg*-Gewicht. Es zeigte sich, daß diese primitive Methode sehr genau war. Vier- und fünfmal wiederholte Versuchsreihen ergaben nur ganz unmerkliche Abweichungen in der Dichte; oft stimmten die Werte auf Zehntelprozente genau überein. Ein „Raummesser‥ ist in Abb. 4 *a* rechts unten sichtbar.

Daß Wasseranspruch und Dichtigkeit bei plastischem Beton in einem so innigen Zusammenhange stehen, läßt sich zum Teil so erklären, daß in sehr dichten Betonen eben nicht mehr Raum für das Wasser vorhanden ist als Leerräume da sind, wonach dichter Beton wenig Wasser braucht.

Hier muß ich noch erwähnen, bis zu welchem Zementmischungsverhältnisse alle diese Angaben sich noch als zuverlässig erwiesen. Mischungen 1:9 bis 1:10 nach Gewichtsteilen, also ca. 230—210 kg/m^3 Fertigbeton waren noch zuverlässig. Ist weniger Zement im Kubikmeter vorhanden, dann braucht man speziell für weichen Beton **mehr** Wasser als die Kornpotenzwaage angibt. Es fehlt eben das Schmiermittel Zement, um die Mischung zum Fließen zu bringen; teilweise tritt auch schon Wasserabscheidung ein (geringerer Zusammenhalt). Anderseits sind Mischungen 1:4·5 bis 1:4 nach Gewichtsteilen, also ca. 420—450 kg/m^3 die **obere** Grenze. Bei noch fetteren Mischungen gibt unsere Waage schon zuviel Wasser an, tatsächlich braucht man dann etwas **weniger**. Ebenso verhält es sich mit dem Undichtigkeitsgrad. Zu magere Mischungen ergeben auf der Waage kleinere, zu fette Mischungen größere Undichtigkeitsgrade als die tatsächlichen Werte. Der Zuverlässigkeitsbereich entspricht aber wohl allen praktischen Bedürfnissen (vgl. Tafel II).

Zweite Aufgabe.

Gegeben: der Zuschlagstoff, die geforderte Betonsteife und Festigkeit. Wieviel Zement und Wasser sind erforderlich?

Da muß ich eine Annahme treffen, nämlich, daß ich aus einer der bekannten Festigkeitsformeln den „Wasserzementfaktor" hinreichend genau für die geforderte Betonfestigkeit errechnen kann. Ist dies der Fall, was insbesondere für gut zusammenhaltende Betone zutrifft, dann ist unsere Aufgabe sehr einfach: ich nehme eine getrocknete Menge des Zuschlagstoffes, mit dem ich arbeiten soll, trenne sie in die Einzelfraktionen und fülle sie in die passenden Schalen der Kornpotenzwaage, alles ohne Zement. Anderseits dividiere ich den Wasserzementfaktor durch die Verdünnung (die geforderte Betonsteife und damit die Verdünnung sind ja gegeben) und erhalte jene Zahl, die mir angibt, wo ich das noch leere Laufgehänge einstellen soll.

Die 1000fache Ablesung muß also $\lambda_f = \dfrac{\left(\dfrac{w}{z}\right)}{k_x}$ sein.

Die Waage ist zunächst nicht ausgeglichen, rechts liegt in den Schalen der Zuschlagstoff, die Zementschale ist noch leer; links steht das Laufgehänge zwar am richtigen Platz, aber leer. Nun gebe ich auf beide Waageseiten, u. zw. sowohl in das leere Laufgehänge als auch in die leere Zementschale stufenweise immer gleichviel Gewichtstücke bis die Waage einspielt. Das zugesetzte Gewicht gibt diejenige Zementmenge an, welche nötig ist, um mit dem gegebenen Zuschlagstoff sowohl den gewünschten Wasserzementfaktor als auch die gewünschte Betonsteife zu erhalten. Nehme ich dann als Laufgewicht Zement plus Zuschlagstoff, so kann ich die Verteilungszahl λ und damit den Wasseranspruch durch Ablesung überprüfen sowie den Undichtigkeitsgrad u, bezw. den Dichtigkeitsgrad $\Delta = 100 - u$ berechnen.

Ich glaube, damit einen Weg gefunden zu haben, auf dem man im Interesse nicht nur der Wirtschaftlichkeit, sondern auch der Sicherheit weiter gehen sollte. Es ist nicht mehr notwendig, Zementmenge und Festigkeit und Konsistenz vorzuschreiben, eine Vorschrift, die zumeist innere Widersprüche enthält und daher von vornherein zur Verletzung verurteilt ist. Es genügt von nun ab vollkommen, die Festigkeit und Konsistenz ziffermäßig vorzuschreiben. Die Kornpotenzwaage gibt dann an, wieviel Zement und Wasser beizusetzen sind. Die Sicherheit wird damit nur erhöht. Denn die Zementmenge vorzuschreiben hat immer als recht vage Voraussetzung, daß der Zuschlagstoff gewisse Annahmen in seiner Kornverteilung erfüllt; tut er dies nicht, dann ist die Vorschrift — so beengend und unwirtschaftlich sie auch immer wirken mag — doch unzureichend. Die Kornpotenzwaage dagegen wird im Falle

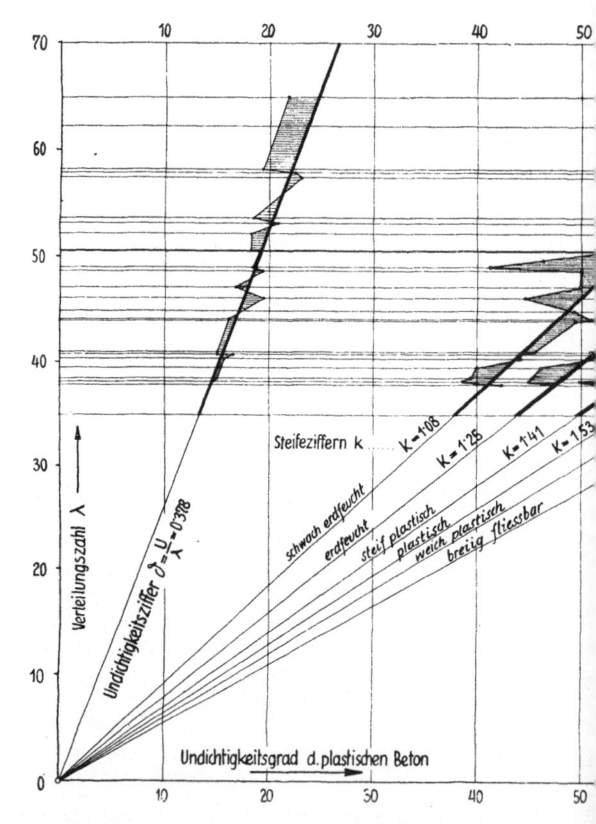

Abb. 2. Schaubild der Verdünnungen $k = \dfrac{\omega}{\lambda} = \mathrm{ctg}\ \alpha$ für 138

Dichtigkeitsfaktors $\delta = \dfrac{u}{\lambda} = \mathrm{ctg}\ \beta = 0\cdot378$. Bei derselben S

Wasseranspruch ω jeder Kornverteilung zu einander stets im gl

Steifegrad (ausgedrückt durch seine zugehörige Verdünnung k),

gefüh

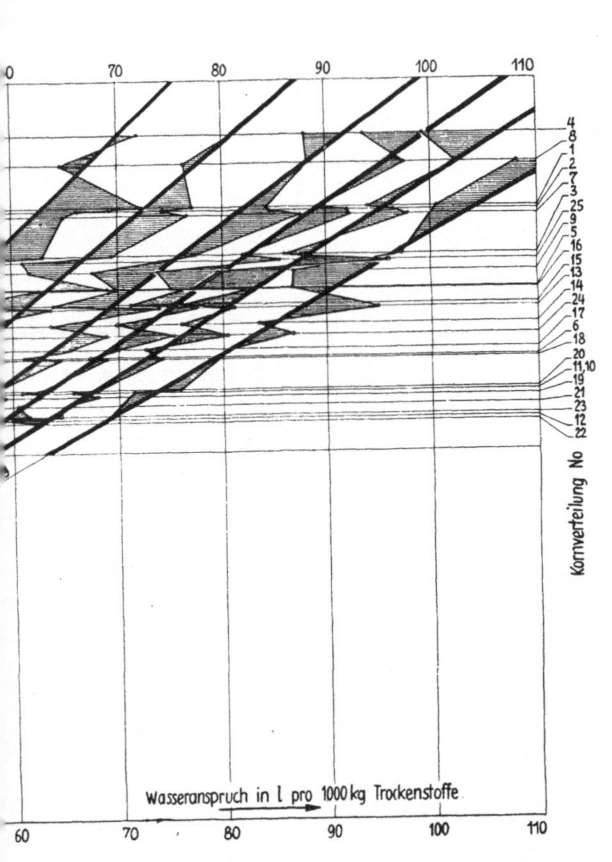

;emenge von 25 verschiedenen Kornverteilungen: Schaulinie ihres

ing stehen der jeweilige Undichtigkeitsgrad u und der absolute
Verhältnis wie der konstante Dichtigkeitsfaktor δ zum jeweils erzielten
$\omega = \delta : k$. Hier vertritt die Abszisse ω den im Anhang B, V ein-
ktor Φ.

Ing. Ignaz Zeissl

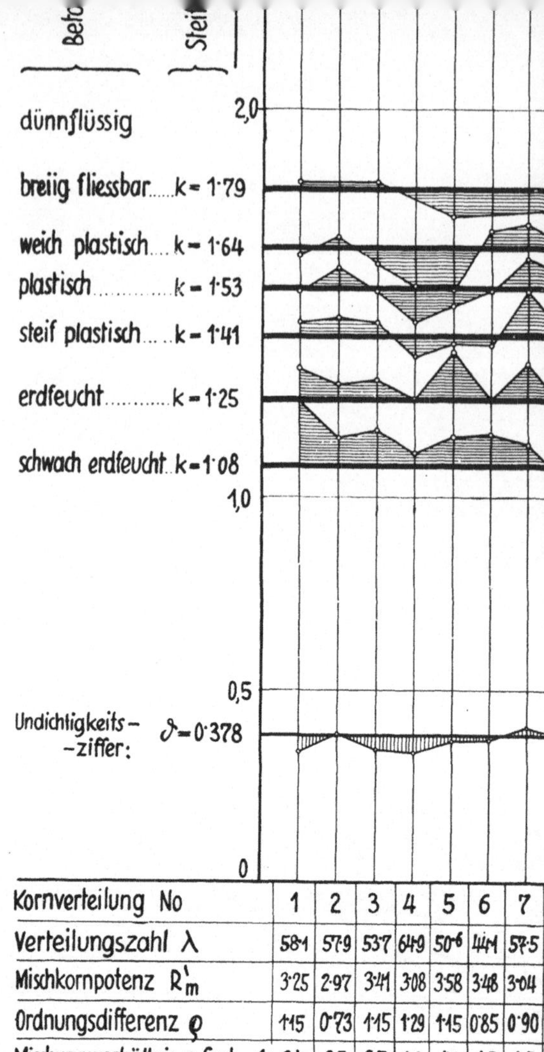

Kornverteilung No	1	2	3	4	5	6	7
Verteilungszahl λ	58·1	57·9	53·7	64·9	50·6	44·1	57·5
Mischkornpotenz R'_m	3·25	2·97	3·41	3·08	3·58	3·48	3·04
Ordnungsdifferenz ϱ	1·15	0·73	1·15	1·29	1·15	0·85	0·90
Mischungsverhältnis n. Gwt. 1:	3·4	3·5	3·7	4·0	4·1	4·5	4·5

Abb. 3. Darstellung der Streuungen der Verdünnung k sow
sind hier nach Mischungsver

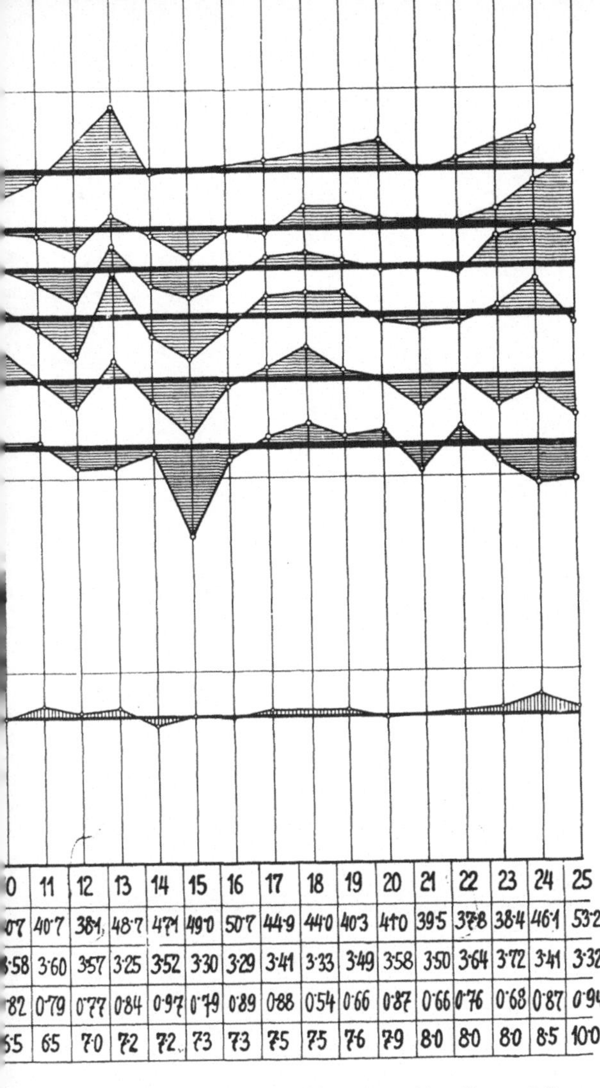

0	11	12	13	14	15	16	17	18	19	20	21	22	23	24	25
07	40·7	38·1	48·7	47·1	49·0	50·7	44·9	44·0	40·3	41·0	39·5	37·8	38·4	46·1	53·2
·58	3·60	3·57	3·25	3·52	3·30	3·29	3·41	3·33	3·49	3·58	3·50	3·64	3·72	3·41	3·32
·82	0·79	0·77	0·84	0·97	0·79	0·89	0·88	0·54	0·66	0·87	0·66	0·76	0·68	0·87	0·94
·5	65	7·0	7·2	7·2	7·3	7·3	7·5	7·5	7·6	7·9	8·0	8·0	8·0	8·5	10·0

des Dichtigkeitsfaktors δ. Die untersuchten Kornverteilungen
n zunehmender Magerung geordnet.

Aufnahmeschrift für zielsichere Betonbildung.

Versuch-Nr.	Gegeben			Gefordert						Gemessen				Gerechnet					Anmerkung
	Zement-Marke		Schlußkornpotenz des Zuschlagstoffes	Zement-Gehalt		Betonsteife-Prüfmaß (Steifegrad)	Verdünnung	Würfelfestigkeit[2]	Wasserzement-Faktor	Probemenge des Zuschlagstoffes in kg	Zementgehalt der Probemenge in kg	Verteilungszahl	Wasserzement-Faktor	Verdünnung[3]	Dichtigkeitsfaktor[4]	Wasseranspruch je 1000 kg Trockenstoffe	Undichtigkeitsgrad	Dichtigkeitsgrad $\triangle = 100-u$	
	Normenfestigkeit nach 28 Tagen	Verdünnungsabfall n. Abrams		kg pro m^3 Beton	nach Gewichtsteilen[1]														
	N_{28}	B_{28}	R'	Z	$\dfrac{Z}{K}$	P	k_x	F_{28}	$\dfrac{W}{Z}$	K_0	Z_0	λ	$\dfrac{W}{Z}$	k_x	δ	ω	u	$\triangle$	

.... , am .... 1933.   Bauleiter : ....

Erläuterungen:

[1]) Bei gegebenem Zementgewicht z in kg je m^3 fertigen Beton sind zunächst im Hinblick auf die gewünschte Betonsteife Erfahrungsziffern*) für den Wasseranspruch ω_m in Litern je $\dfrac{4}{11}\, m^3$ ($= 1000\ kg$ eingerütteltes) Trockengemenge und für dessen Höchstdichtigkeitsgrad $\triangle_m$ zu wählen, um in erster Näherung die Gewichtsmenge K der erforderlichen Zuschlagstoffe in kg je m^3 Beton berechnen zu können:

$$K = \frac{2750 \cdot \triangle_m}{1 + 0 \cdot 00275 \cdot \omega_m \cdot \triangle_m} - Z;$$

*) etwa von $\omega_m = 40$ Liter und $\triangle_m = 0 \cdot 75$
bis $\omega_m = 80$,, ,, $\triangle_m = 0 \cdot 85$

[2]) $F_{28} = f\left(\dfrac{W}{Z}\right); \ \cdot \ \cdot \ \cdot$ Die gewählte Formel ist hier anzuführen.

[3]) Durch Vorversuche zu ermitteln:

Betonsteife	schwach erdfeucht	erd- feucht	steif plastisch	plastisch	weich plastisch	breiig fließbar	dünn- flüssig
Verdünnung k_x							
Steifegrad P_x							

[4]) Durch Vorversuch zu ermitteln: Dichtigkeitsfaktor $\delta = \dfrac{u}{\lambda} =$

14

ungünstiger Zuschlagstoffe eben noch mehr Zement als heute vorschreiben, während sie bei gutem Zuschlagstoff sich gewöhnlich auch mit weniger Zement zufrieden geben wird.

Künftige Betonbestimmungen sollten — meines Ermessens — für den zur Herstellung tragender oder sonstiger höheren Beanspruchungen durch Abnützung, Witterung usf. ausgesetzten Bauteile (Stützen, Decken, Rahmen, Straßenbeläge, Stütz- und Staumauern usf.) dienenden Frischbeton die Vorschrift enthalten, daß seine Erzeugung durch eine **„Aufnahmeschrift"**, etwa nach dem S. 13 entworfenen Muster, zu bescheinigen ist. Eine solche Aufnahmeschrift würde zugleich als eine methodische Anleitung für eine möglichst zielsichere Betonbildung wirken und durch ihre Hinterlegung zum Bauakt einen schätzbaren baubehördlichen und die späteren Erfahrungen mit dem Bauwerke wissenschaftlich verwertenden Behelf darstellen. Die Belastung der Bauführung durch eine solche Vorschrift wäre aber sogar geringer als im Falle genauer Einhaltung der derzeitigen Normbestimmungen und Baukontroll-Richtlinien.

Die hier angeregte Betonvorschrift braucht selbstverständlich durchaus nicht von der Verfügbarkeit einer Kornpotenzwaage abhängig gemacht zu werden, weil ja die resultierende Verteilungszahl λ aus allen Korngruppen des Trockengemenges nach dem Momentensatz auf dieselbe Weise berechnet werden kann, wie etwa die Schlußkornpotenz des Gemenges (siehe das Beispiel auf S. 9).

II. Bericht über Betonversuche mit bestimmten Ausfallkörnungen.

Erstattet vom Versuchsansteller Ing. **Ignaz Zeissl** in Wien an den U. A. für zielsichere Betonbildung.

Die Frage, welche durch unsere hier berichteten Versuche zu klären war, lautete:

Kann die Sieblinie durch die (im I. Bericht behandelte) „Verteilungszahl" vollwertig ersetzt werden und gibt letztere auch in jenen Fällen noch Auskunft, wo die Sieblinie versagt?

Setzt man ein Gemenge etwa nach Fuller oder nach einer in den neuen deutschen Eisenbetonbestimmungen als „besonders gut" bezeichneten Sieblinie zusammen und entfernt man aus diesem Gemenge die Körnungen zwischen $\varnothing$ 3 und etwa 15 *mm*, wobei sie durch Körnungen über $\varnothing$ 15 *mm* derart ersetzt werden, daß einerseits das Mischungsverhältnis aufrecht bleibt und daß anderseits von den Körnungen bis ungefähr $\varnothing$ 3 *mm* einschließlich Zement etwa 40—45% des Gesamtgewichtes vorhanden sind, dann kann man eine eigenartige Wahrnehmung machen.

Man findet nämlich, daß der Zusammenhalt besser und der Beton leichter verarbeitbar wird und daß vor allem der Beton zur gleichen Konsistenz weniger Wasser braucht. Letztere Wahrnehmung wird besonders auffallend bei plastischen und gießbaren Betonsteifen.

Trägt man nun das so entstandene Trockengemenge in das Sieblinienbild der neuen deutschen Eisenbetonbestimmungen ein, so findet man, daß eine solche Sieblinie teilweise schon in den als sehr schlecht geltenden Bereich fällt. Der Beton hingegen ist entschieden besser geworden. Also stimmen für den gedachten Fall Sieblinie und Tatsache nicht überein. Demnach gibt es Gemenge, welche, gemessen an den neuen deutschen Siebliniennormen, sehr schlecht sein sollten, aber tatsächlich ebenso gut, ja besser sind als die besten nach diesen genormten Sieblinienbildern hergestellten stetigen Gemenge.

Prüft man hingegen beide Gemenge auf der Kornpotenzwaage, dann findet man, daß das Gemenge „mit Ausfallkörnung", d. h. wo das Mittelkorn von etwa $\varnothing$ 3—15 *mm* fehlt, also ein Gemenge, bei welchem diese Mittelkörnung durch gröbere Körnungen ersetzt ist, für die gleiche Konsistenz weniger Wasser braucht. Die Kornpotenzwaage gibt also einen richtigeren Bescheid, indem die Verteilungszahl kleiner wird und damit auch der Wasseranspruch für die einzelnen Konsistenzen.

Man kann sich das wie folgt erklären. Die ausgefallene Mittelkörnung würde bei ihrem Vorhandensein in doppelter Hinsicht schädlich wirken:

1. Sie treibt die Grobkörnung auseinander. Die Wahrscheinlichkeit nämlich, daß sich die Mittelkörner tetraedisch in die Leerräume der Grobkörnung legen, ist wohl viel kleiner als die Wahrscheinlichkeit, daß diese Körner andere Lagen einnehmen. Es gibt nur einen einzigen Punkt zwischen vier Schottersteinen, der jenem Idealfall entspricht, jedoch viele Punkte, die ihm nicht entsprechen. Und in allen andern Lagen treibt das Mittelkorn die Schottersteine auseinander, wodurch die Lagerung der Grobkörnung noch viel sperriger wird, d. h. es ist viel mehr Leerraum vorhanden, welcher durch den Zementmörtel, der jetzt natürlich auch die Mittelkörnung enthält, ausgefüllt werden muß. Infolge des sperrigen Mittelkornes befindet sich also die ganze Betonmischung in einer Art labilen Gleichgewichtes. Erst wenn einem solchen Beton entsprechend viel mechanische Verdichtungsarbeit zuteil wird, entsteht in zunehmendem Maße tetraederförmige Lagerung der Körnungen, d. h. der Beton wird dichter.

2. Eine weitere schädliche Wirkung der Mittelkörnung tritt dadurch auf, daß sie wie ein Filter wirkt. Die Durchmischung des Betons kann nicht immer einwandfrei sein, auch kann er sich beim Transport und beim Einbringen in die Schalungen mehr oder weniger entmischen. Ist dies aber der Fall, dann verhindert die Mittelkörnung den feineren Mörtel daran, in die Leerräume der Grobkörnung einzudringen. Sie bildet gewissermaßen ein Filter, das sich infolge des geflissentlich gleichmäßigen Kornaufbaues verstopft, da es immer wieder Körner gibt, welche durch die vorhandenen Öffnungen zwischen größeren Körnern nicht hindurchkommen. Es entstehen die allbekannten Schotternester und anderseits naturgemäß auch schotterarme Betonteile mit allen ihren Nachteilen.

Fehlt hingegen jene Mittelkörnung, dann zeigt sich — wie erwähnt —, daß mit weniger Wasser für die gleiche Konsistenz das Auslangen gefunden wird. Auch dafür lassen sich zwei Gründe als Erklärung anführen: Erstens werden die mittleren Körner durch größere ersetzt, welche weniger Oberfläche haben, daher weniger Wasser brauchen; zweitens enthält der Beton zwei aufeinander besser abgestimmte Bestandteile, die sich gegenseitig in der Bewegung eben nicht hindern. Der Mörtel kann in die Grobkörnung infolge ihrer großen Leerräume leicht eindringen, und die Grobkörnung kann im „Schmiermittel Mörtel" sich ebenfalls leichter bewegen, als wenn das sperrige, spröde Mittelkorn vorhanden wäre. Man erhält dieselben Ausbreitmaße schon bei steiferer Konsistenz des Mörtels als bei gleichmäßig verteilter Kornstufung.

Der Beton ohne Mittelkörnung läßt sich auch, wie jedem sofort auffällt, leichter verarbeiten und ist vor allem viel gleichmäßiger sowohl schon im Aussehen als beim Einbringen und nach der Ausschalung wie auch insbesondere in der Festigkeit. Schotternester werden nicht gebildet (vgl. Abb. 4).

Hinsichtlich der erzielten Gleichmäßigkeit in der Druckfestigkeit mögen folgende Versuchsergebnisse ein Bild geben:

1. Von zehn Probewürfeln (20 *cm*) mit der Mischung 1:7·23, Wasserzementfaktor 0·75 (Ausfallkörnung Ø 2—12 *mm*) ergaben:

Würfel 1	305 *kg/cm²*,	Würfel 2	300 *kg/cm²*,
„ 3	316 „	„ 4	338 „
„ 5	339 „	„ 6	335 „
„ 7	324 „	„ 8	328 „
„ 9	323 „	„ 10	300 „

Mittelwert = 321 *kg/cm²*; die größten Abweichungen vom Mittelwert betrugen + 5·6% bzw. — 6·5%.

2. Von zehn Probewürfeln mit der Mischung 1:7·23, Wasserzementfaktor 0·72 (Ausfallkörnung wieder Ø 2—12 *mm*) ergaben:

Würfel 11	306 *kg/cm²*,	Würfel 12	341 *kg/cm²*,
„ 13	330 „	„ 14	308 „
„ 15	311 „	„ 16	345 „
„ 17	340 „	„ 18	333 „
„ 19	318 „	„ 20	341 „

Mittelwert = 327 *kg/cm²*; die größten Abweichungen vom Mittelwert betrugen + 5·5% bzw. — 6·4%.

3. Fünf Prismen (20.20.80 *cm*), aus demselben Beton wie unter Ziffer 1, ergaben:

Nr. 21	184 *kg/cm²*,	Nr. 22	195 *kg/cm²*,
„ 23	203 „	„ 24	216 „
„ 25	200 „		

Mittelwert = 200 *kg/cm²*; die größten Abweichungen vom Mittelwert betrugen + 8·0% bzw. — 8·0%.

4. Fünf Prismen, aus demselben Beton wie unter Ziffer 2, ergaben:

Nr. 26	210 *kg/cm²*,	Nr. 27	230 *kg/cm²*,
„ 28	229 „	„ 29	217 „
„ 30	230 „		

Mittelwert = 223 *kg/cm²*; die größten Abweichungen vom Mittelwert betrugen + 3·1% bzw. — 5·8%.

Schon diese wenigen Versuche zeigten ebenso regelmäßig als auffallend, wie absolut gleichmäßig der Beton aus der Mischmaschine kam und wie leicht sich der Beton verarbeiten ließ. Daß man aus ihnen unbedenklich schließen darf, daß die Festigkeitsstreuungen sich bei Beton ohne gewisse Mittelkörnungen bedeutend vermindern, bewiesen auch die späteren Bruchversuche (vgl. Abb. 4).

Um zu zeigen, wieviel Zement man bei geeigneter Kornfolge des Zuschlagstoffes ersparen kann, sei im folgenden nur ein Beispiel herausgegriffen.

Wird als Zuschlagstoff etwa gebrochenes Donaugemenge, unsortiert, mit 25 *mm* Größtkorn geliefert und plastischer Beton von z. B. 20 Powersgraden (etwa 49 *cm* Ausbreitmaß) bei einem Wasserzement-

18

faktor $f = 0\cdot7$ vorgeschrieben, so ergibt die Kornpotenzwaage ein Mischungsverhältnis von 1:5·3 (nach Gewichtsteilen), also 350 kg Zement pro Kubikmeter fertigen Beton. 40 Probewürfel, auf diese Weise zusammengesetzt, haben diese Angabe bestätigt.

Nimmt man hingegen rundes Donaugemenge von geeigneter Zusammensetzung, ebenfalls mit 25 mm Größtkorn, jedoch mit einer Aus-

Abb. 4. Gefüge von siebentägigen Bruchproben für Würfel- und Biegezugfestigkeit.

fallkörnung von 3 bis 10 mm, so bekommt man dieselbe Betonsteife von 20 P und denselben Wasserzementfaktor $0\cdot7$, daher auch dieselbe Festigkeit, jedoch mit einem Zementmischungsverhältnis 1:8 (nach Gewichtsteilen), also nur 245 kg Zement pro Kubikmeter fertigen Beton. Das heißt, ich erspare 105 kg Zement pro Kubikmeter. Der zweite Beton ist überdies auch wesentlich dichter. Im ersten Falle beträgt der Dichtigkeitsgrad ca. 78%, steigt aber im zweiten Falle auf 82%. Die Mehrauslagen, die beim Zuschlagstoff dadurch entstehen, daß derselbe in zwei getrennten

Gemengen (Sand und Schotter) geliefert und auf der Baustelle ebenso gelagert werden muß, können bei geeigneter Durchführung nur Bruchteile der Zementersparnisse betragen, so daß die höhere Betongüte nicht mehr, sondern weniger kostet.

Eine zweite wichtige Ursache für steigenden Wasserbedarf und damit steigenden Wasserzementfaktor, also für fallende Festigkeit, ist zweifellos der Anteil an Feinstsand unter $\varnothing$ 0·25 oder 0·20 *mm*. Betrachten wir die (für Verteilungszahlen eingestellte) Kornpotenzwaage, so finden wir, daß der Abstand einer Schale von der Drehachse das Maß für den Wasseranspruch der darin befindlichen Körnung — gewissermaßen deren „Einflußfaktor" — bildet: Je größer der Abstand, um so größer der Wasseranspruch! Wir finden, daß Zement und die inerte Feinstkörnung bis etwa 0·25 *mm* einen ganz überragenden Einfluß auf diesen Wert haben. Der Zement macht von seinem Wasseranspruch physikalisch wie chemisch allerdings nützlichen Gebrauch, wogegen die inerte Feinstkörnung infolge ihres hohen Wasseranspruchs nur schwächend auf den Zementleim einwirkt. Ich betone hier ganz besonders, daß das Fehlen der inerten Feinstkörnung auch dem Dichtigkeitsgrad keineswegs Abbruch tut, denn je weniger Feinstkorn, um so weniger Wasser und um so kleiner der Undichtigkeitsgrad also um so größer der Dichtigkeitsgrad. Dies gilt natürlich nur für zusammenhaltenden Beton, in welchem aber der Feinstsand bis $\varnothing$ 0·20, ja 0·25 *mm* stets ganz fehlen kann.

In jenen Fällen, wo sehr feingemahlener Zement[1]) verwendet wird, dessen Größtkorn oft nur $\varnothing$ 0·06—0·07 *mm* besitzt, zeigt das günstigste Trockengemenge somit auch noch eine zweite Ausfallkörnung etwa von $\varnothing$ 0·07 bis 0·20 *mm* oder noch weitergehend.

So erreichten wir sogar bei einem Gemenge aus 1 *kg* feingemahlenem Zement, aus 2·20 *kg* Sand $\varnothing$ 0·5—1 *mm* und 4·80 *kg* Grobkörnung $\varnothing$ 18—25 *mm*, also mit zwei mächtigen Ausfallkörnungen von etwa 100 µ/500 µ und 1 *mm*/18 *mm* den Dichtigkeitsgrad 85·2 % sowie die Verdünnung $k = 1·7$. Dieses Gemenge war allerdings nicht mehr gut zusammenhaltend und daher auch schwerer verarbeitbar.

Unsere Versuchsreihen, von welchen dieser Bericht handelt, lassen wohl als sicher erkennen: Derjenige Zuschlagstoff ist besser, der bei gleich guter Verarbeitbarkeit und bei gleichem Mischungsverhältnis für eine bestimmte Konsistenz weniger Wasser braucht.

Schon Bolomey machte bekanntlich den Vorschlag, einen Zuschlagstoff nur nach seinem Wasseranspruch zu beurteilen. Beurteilt

---

[1]) Bei unseren Versuchen wurde hiefür R o b u r z e m e n t angewendet; Kornverteilung:

$\varnothing$ 0·0045 . . . . 15·56 % Durchgang
$\varnothing$ 0·0092 . . . . 15·62 %   „
$\varnothing$ 0·0161 . . . . 16·10 %   „
$\varnothing$ 0·0297 . . . . 25·21 %   „
$\varnothing$ 0·0520 . . . . 16·80 %   „
$\varnothing$ 0·0911 . . . . 8·26 %   „
2·45 % Rückstand.

man ihn aber danach, dann ist hiefür seine Sieb'inie ohne Nutzen. Die Verteilungszahl sagt dagegen genau, wieviel Wasser der Zuschlagstoff verlangt, denn der „Einflußfaktor jeder Korngruppe"

$$w = \left(\frac{10}{r}\right)^3 l/1000 \ kg$$ (vgl. I. Bericht!) legt dies elementar

fest, so daß der Wasserbedarf mit dem Instrument oder rechnerisch im vorhinein schnell und sicher bestimmbar wird. Damit ist auch der Wasserzementfaktor gegeben, und es läßt sich bis auf gewisse bekannte Streuungen die Festigkeit und sehr genau auch die Dichtigkeit voraussagen. Das ist doch schließlich das Ziel all unseres Tuns in der Baustofffrage des Betons!

III. Bericht über die abschließenden Betonversuche.

Vcm Versuchsleiter und Berichterstatter Ziv.-Ing. Ottokar Stern.

Diese Versuchsreihen verfolgten vor allem folgende Zwecke:

A. Die Feststellung, wie sich morphologisch verschiedene Baustoffe zu den unter I und II dargestellten Gesetzmäßigkeiten verhalten.

B. Vergleichung aller gebräuchlichen Verfahren zur Messung der Betonsteife untereinander und mit den verschiedenerseits empfohlenen neueren Verfahren.

C. Aufstellung einer begründeten Beziehung zwischen den jeweils ermittelten „Verdünnungen" k der Mische zu den Ergebnissen des als zuverlässigst befundenen Meßverfahrens der Betonsteife.

D. Ausbildung der Überflutungsmethode zur Bestimmung der Eigenfeuchtigkeit von Zuschlagstoffen ohne künstliche Trocknung.

E. Erkenntnisse über die wahre Kornverteilung und die durch Staffelung nach Korngruppen erfaßbare Kornverteilung.

F. Darstellung und Lösung der Hauptaufgaben in der Betonpraxis.

Zur besseren Verständigung und Klarstellung möge dieser Berichterstattung zunächst eine Reihe grundlegender Begriffsbestimmungen und Bezeichnungen vorangestellt werden:

Einheitliche Begriffe, Benennungen und Zeichen in der zielsicheren Betonbildung.

1. Der „Wasseranspruch" oder „Wassertrockenstoffaktor" einer normal angemachten Mische von bestimmter Betonsteife (vgl. Anhang B, V):

$$\omega = \frac{w}{m} = \frac{\text{Wassermenge (einschl. Eigenfeuchte) in Litern}}{\text{Gewicht der trockenen Mischstoffe in Kilogrammen}}.$$

Für $m = 1000\,kg$ ist in Litern $\omega = w\,^0/_{00}$. Allgemein ist $m = z\,(1 + \mu)$.

2. Die „Verteilungszahl" des Korngemenges (einschließlich Bindemittel) λ bedeutet physikalisch den ideellkleinsten Wasseranspruch der Kornverteilung für eine zusammenhaltende steifste Mische bei ideal glatten und kugeligen Körnern, mit andern Worten für den „Plafond ihrer Betonsteifen". (Über funktionelle Beziehungen von λ s. unten, Programmpunkt *E.*) Die Verteilungszahl steigt mit dem Feinkorngehalt.[1]

---

[1] Siehe S. 24, Fußnote [3] und S. 25, Schlußbemerkung „Zu 2".

3. Die „Verdünnung" der Mische für einen bestimmten Steifegrad nimmt mit der Wasserbeigabe zu und mit zunehmendem Feinkorngehalt ab:

$$k = \frac{\omega}{\lambda} = \frac{\text{„Wasseranspruch" (s. Punkt 1)}}{\text{„Verteilungszahl" (s. Punkt 2)}}$$

(k wurde bisher als Steifeziffer bezeichnet, was unlogisch ist, weil es doch zunimmt, wenn die Betonsteife abnimmt.) Für die Verdünnung $k = 1$ ist $\omega = \lambda$ (vgl. Begriffsbestimmung im Punkt 2).

Die Verdünnung bedeutet eine physikalische Kennzeichnung der stofflichen Beschaffenheit bei beliebiger Kornverteilung, denn für alle Trockenstoffe von gleicher stofflicher und morphologischer Beschaffenheit sowie angrenzenden Mischungsverhältnissen und gleichen Größtkörnern entspricht jedem Betonsteifegrad ein bestimmtes Verhältnis der wirklichen Mischwassermenge zur ideellen kleinsten Mischwassermenge (also zur Verteilungszahl) (vgl. Abb. 5). Die Verdünnung gibt also den Verhältniswert zweier Wasseransprüche an.[2]

Abb. 4a. Der Versuchsraum mit seinen Einrichtungen in der Wiener städtischen Prüfungsanstalt. (Das Steifemeßgerät nach Powers ist links unten sichtbar.)

4. Der „Steifegrad" einer Mische:

Der „Steifegrad" P des Umformversuchs nach Powers („Powersgrad" P) ausgedrückt in Rüttelstößen bis zu 40 und gegebenenfalls in einem nachher noch verbliebenen Setzmaß, u. zw. durch dessen Differenz gegen 54. (Z. B. Powersgrad 23, wenn nach **23 Stößen** die Trichterfüllung völlig umgeformt ist; oder Powersgrad 43, wenn nach 40 Stößen sich noch eine „**Überhöhung**" von 3 cm, d. h. ein **Abstich** von $54 - 43 = 11$ cm (unter Gefäßrand) ergibt (vgl. Punkt 5).

5. Die Tafel der „Verdünnungen" und „Steifegrade". (Ziffern- oder Linientafel gemäß Abb. 5 und Tafel III.)

Der praktische Bereich der Betonsteifen kann äußerstens etwa 41 Powersgrade umfassen. (Minimum $P \sim 4$; Maximum $P \sim 45$.)

Für einen engeren Bereich von Mischungsverhältnissen und für gleiche Größtkörner hat eine und dieselbe Stoffgattung nur geringe

---

[2] Siehe S. 24, Fußnote [3]) und S. 25, Schlußbemerkung „Zu 3".

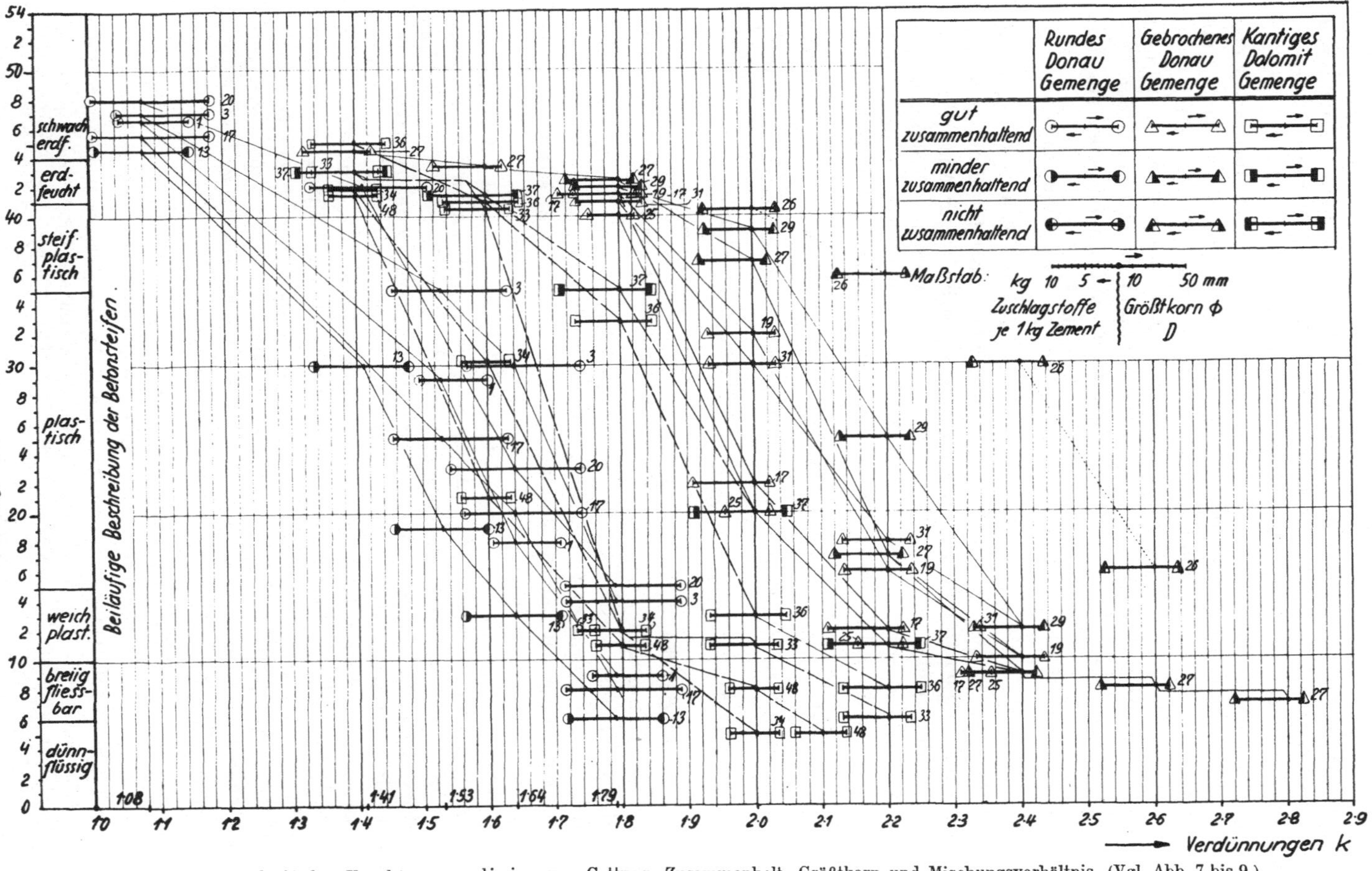

Abb. 5. Abhängigkeit der Verdünnungslinien von Gattung, Zusammenhalt, Größtkorn und Mischungsverhältnis. (Vgl. Abb. 7 bis 9.) Die eingeschriebenen Ziffern bedeuten die Nummern der Kornverteilungen in Zusammenstellung 1. — Für die gut zusammenhaltenden Gemenge derselben Gattung bleiben bei gleichen Verdünnungen die Streuungen durchwegs im selben Steifebereich.

Streuungen der zum selben Steifegrad gehörigen Verdünnung, bezw. umgekehrt, so verschieden die sonstige Kornverteilung zusammenhaltender Feuchtgemenge auch sein mag (vgl. Abb. 5).

Jede Zuschlagstoffgattung (nicht aber jede verschiedene Kornstufung derselben Gattung) erfordert daher im allgemeinen eine eigene „Tafel der Verdünnungen und Steifegrade" (Tafel III).

Diese Tafeln gestatten, jede gut zusammenhaltende Konsistenz durch einen Steifegrad P zu beziffern; P muß sohin das Ergebnis der Umformungsprobe sein, wenn seine zugehörige Verdünnung k der aus dem Mischungsversuch berechnete Quotient $\dfrac{\omega}{\lambda}$ ist. Eine solche Übereinstimmung (unter Berücksichtigung der zulässigen Schwankungen) der Proben mit der benützten Tafel beweist nicht nur die Richtigkeit der letzteren, sondern auch den guten Zusammenhalt der Mische.

In den beiden Tafelkoordinaten k und P kommen offenkundig alle bekannten und unbekannten konsistenzbildenden Einflüsse auf den Frischbeton schon zum Ausdruck. Je nach dem (in ihnen auftretenden) Wasserzementfaktor $f = \left(\dfrac{w}{z}\right)$ können aber jedem Tafelwerte sehr verschiedene Druck- und Zugfestigkeiten des fertigen Betons zukommen (vgl. Abb. 23).

6. Der „Dichtigkeitsfaktor" $\delta = \dfrac{100 - \Delta}{\lambda} = \dfrac{\gamma - \rho}{\gamma \cdot \lambda} =$

$$= \frac{\text{Undichtigkeitsgrad } u}{\text{Verteilungszahl } \lambda}$$

einer gegebenen Stoffgattung kennzeichnet dieselbe gleichfalls physikalisch [s. Fußnoten [3]) u. [6])] und bleibt konstant bei beliebiger Kornverteilung, solange dieselbe nur zusammenhaltende Feuchtgemenge zu liefern vermag. Seine Konstanz scheint also guten Zusammenhalt der Mische anzuzeigen.

Der Dichtigkeitsfaktor versteht sich für eine mittlere Plastizität in eingerütteltem Zustande. Er nimmt zu mit zunehmenden Hohlräumen und mit abnehmenden Verteilungszahlen, d. h. auch mit abnehmenden Feinkorngehalten. Die verschiedenen Dichtigkeitsgrade, welche verschiedene Kornverteilungen derselben Stoffgattung im allgemeinen aufweisen, ergeben sich also durch die Multiplikation des konstanten δ mit der jeweiligen Verteilungszahl λ. Mit anderen Worten: Innerhalb derselben Stoffgattung ist der Undichtigkeitsgrad u beliebiger Kornverteilungen proportional dem ideellen Wasseranspruch des jeweiligen Plafonds ihrer Betonsteifen und das Maß dieser Proportionalität bildet eben der Dichtigkeitsfaktor der betreffenden Stoffgattung.[3])

---

[3]) Die Verdünnungen k, bezw. der Dichtigkeitsfaktor δ bilden auch „Maßzahlen der Stoffgattung" in dem Sinne, daß der Wasseranteil w_x für eine bestimmte Betonsteife, bezw. deren Hohlraumanteil $\left(1 - \dfrac{\rho}{\gamma}\right)$ an einem der jeweiligen Kornverteilung eigentümlichen Maßstab gemessen werden, dessen Einheit ihr ideeller Wasseranspruch (die Verteilungszahl λ) für den „Plafond" aller erzielbaren Betonsteifen ist. Innerhalb derselben Stoffgattung und desselben Steifegrades steigen und fallen mit den Wasseransprüchen (ω) auch die zugehörigen Maßeinheiten (λ), so daß erstere die konstante Maßzahl $\left(\text{Verdünnung } k = \dfrac{\omega}{\lambda}\right)$ erhalten. Für die Hohlraumanteile (Hohl-, nicht Leerräume, da letztere nur bei höheren Steifegraden auftreten können!) ist die ver-

7. Zu den drei physikalisch kennzeichnenden Grundbegriffen (Verteilungszahl, Verdünnungsreihe, Dichtigkeitsfaktor) kommt als weitere Kennzeichnung der jeweiligen Stoffgattung noch das mittlere „Vollraumlitergewicht" γ des Trockengemenges,[4]) welches auf zwei Dezimalen genau bestimmt werden muß, damit es für die Ermittlung der Eigenfeuchtigkeit der Zuschlagstoffe und für die Überprüfung des Dichtigkeitsgrades der mittelplastischen Betonmische verwendbar wird. Diese Bestimmung geschieht am besten mittels der Meßflasche, Abb. 10 (vgl. Programmpunkt D).

Die vorstehenden neuen Grundbegriffe lassen sich auch folgendermaßen fassen:

Zu 1. Der absolute Wasseranspruch für die jeweilige Betonsteife ist die Wassermenge ω in Litern je Tonne der Trockenstoffe.

Zu 3. Der relative Wasseranspruch für die jeweilige Betonsteife im Vergleich zum ideellen Wasseranspruch für den Plafond aller Betonsteifen bildet die Verdünnung k, eine unbenannte Zahl. Die Verdünnungen bilden unveränderliche Größen für dieselbe Stoffgattung (im weiteren Sinne).

Zu 2. Das Verhältnis des absoluten zum relativen Wasseranspruch $\left(\dfrac{\omega}{k}\right)$ ist für alle zusammenhaltenden Betonsteifen eines bestimmten Trockengemenges eine unveränderliche Größe: die Verteilungszahl λ, eine ideelle Wassermenge in Litern je Tonne.

Zu 5. Im allgemeinen ergeben sich für Trockengemenge mit gleichem λ bei derselben Stoffgattung und derselben Verdünnung dennoch etwas verschiedene Betonsteifen, wenn die Größtkörner oder die Mischungsverhältnisse verschieden sind (vgl. Abb. 5 und Text zur Abb. 12).

Zu 6. Für alle eingerüttelten Feuchtgemenge mittlerer Plastizität von derselben Stoffgattung — auch im Falle des Punktes 5 — bleibt das Verhältnis des kleinstmöglichen Undichtigkeitsgrades u zur Verteilungszahl λ eine unveränderliche Größe: der Dichtigkeitsfaktor $\delta = \dfrac{u}{\lambda}$, eine unbenannte Zahl.

Die gegenständlichen Versuche (s. Zusammenstellung 1, laufende Post Nr. 26—71) wurden in der Wiener städtischen Prüfanstalt für Baustoffe in der Zeit vom 10. April bis 24. Mai 1933 durchgeführt. Der etwa $3{\cdot}5/4\,m$ messende Versuchsraum verfügte über die in Abb. 4a gezeigten Einrichtungen.

A. Feststellung, wie sich morphologisch **verschiedene** Baustoffe zu den unter I und II dargestellten Gesetzmäßigkeiten verhalten.

Der Unterschied im Wasseranspruch zwischen gebrochenem und rundem „Donaugemenge" ist am besten durch die Feststellung veranschaulicht, daß z. B. dieselbe Verdünnung $k = 1{\cdot}6$ bei gebrochener Körnung durchaus erdfeuchte Betonsteifen ($41 < P < 43$), dagegen bei runder Körnung alle plastischen Betonsteifegrade ($15 < P < 32$) liefert (vgl. Abb. 8a und 7). Das allein begründet schon die Überlegenheit der Rundgemenge hinsichtlich der Betongüte, Wirtschaftlichkeit und Verarbeitbarkeit.

änderliche Maßzahl $u = \delta.\lambda$ stets ein konstanter Bruchteil (δ) des jeweiligen ideell-kleinsten Wasseranspruchs λ. So hängen die drei Materialkonstanten k, δ und λ begriffsmäßig zusammen.

Für diese Maßeinheit λ kann die Ablesung λ_f (s. I. Bericht von Zeissl) auch unmittelbar als ideeller Wasserzementfaktor (d. h. bei Erreichung des Plafonds der Betonsteifen) gelten. Höhere Wasseranteile erfordern daher — um den zugehörigen wirklichen Wasserzementfaktor f zu ergeben — die Vervielfachung von λ_f entsprechend ihrer jeweiligen Gattungsmaßzahl k.

Der als „Verdünnungsabfall der Zylinderdruckfestigkeiten" bekannte Rechnungswert B des Abrams'schen Wasserzementfaktoren-Festigkeitsgesetzes (s. Einleitenden Bericht von Dr. Tillmann) beruht auf dem organischen Zusammenhang der Zementbindekraft mit den Verdünnungen und den zeitlichen Erhärtungsstufen. Dasselbe gilt von den Siebentags- und Gemengekonstanten für Biegezug", siehe Anhang C, I.

[4]) Siehe S. 32, Fußnote [6]).

Zusammenstellung 1.

Versuchsreihe, laufende Postnummer	Kornverteilung Nr.	Zement in kg	Korngruppen in kg											Gesamtgewicht der Probemenge ohne Zement in kg	Laut Messung			Anmerkung
			Korngrößen in mm												Verteilungszahl λ in l/to	Dichtigkeitsfaktor δ	Wasserzementfaktor $f = \dfrac{W}{Z}$ für die Verdünnung $k = 1$	
		$0{\cdot}0027 - 0{\cdot}1$	$0{\cdot}06 - 0{\cdot}2$	$0{\cdot}2 - 0{\cdot}5$	$0{\cdot}5 - 1{\cdot}0$	$1 - 2$	$2 - 5$	$5 - 8$	$8 - 12{\cdot}5$	$12{\cdot}5 - 18$	$18 - 25$	$25 - 35$	$35 - 50$					
1	1	2·60	0·88	0·66	0·50	0·55	0·38	—	—	—	3·25	2·53		8·75	58·1	0·334	0·254	Rundes Donaugemenge Siehe I. Versuchsbericht von Ing. Zeissl — minder zus.hltd.
2	2	3·02	0·60	0·82	1·0	—	4·56	1·43	1·48	0·66	—	—	—	10·55	57·9	0·387	0·260	
3	3	2·42	0·77	0·66	0·44	0·44	0·66	—	—	—	—	—	5·94	8·91	53·7	0·345	0·251	
4	4	1·75	1·48	0·52	0·42	0·42	—	—	—	2·08	2·08	—		7·0	64·9	0·336	0·325	
5	5	2·23	0·71	0·55	0·44	0·44	0·55	0·28	—	—	—	—	6·10	9·07	50·6	0·362	0·257	
6	6	1·45	—	—	1·75	—	—	—	—	—	4·80			6·55	44·1	0·368	0·244	
7	7	2·32	0·94	1·26	1·76	—	1·92	—	1·71	2·42	0·44			10·45	57·5	0·40	0·316	
8	8	1·50	1·48	0·52	0·42	0·42	—	—	—	2·08	2·08			7·0	62·3	—	0·392	
9	9	1·27	1·0	0·40	0·32	0·32	—	—	—	2·48	2·48			7·0	52·2	0·353	0·340	
10	10	2·70	0·70	1·06	1·24	1·24	1·42	—	—	—	5·60	6·40		17·66	40·7	0·373	0·301	
11	11	1·36	0·33	0·50	0·55	0·74	0·71	—	—	—	2·80	3·20		8·83	40·7	0·408	0·305	
12	12	1·0	—	—	2·20	—	—	—	—	—	4·80			7·0	38·1	0·389	0·305	
13	13	1·36	0·85	0·97	1·13	1·34	0·50	0·44	1·46	0·86	1·33	0·95		9·83	48·7	0·399	0·427	
14	14	0·98	0·81	0·66	0·49	0·49	—	—	—	—	—	4·57		7·02	47·1	0·357	0·385	
15	15	0·96	0·82	0·63	0·47	0·47	—	—	2·29	2·36				7·04	49·0	0·378	0·408	
16	16	0·96	0·93	0·71	0·52	0·53	—	—	—	4·35				7·04	50·7	0·375	0·423	
17	17	1·31	0·70	0·80	0·93	1·15	0·92	0·36	0·80	0·61	1·20	1·0	1·40	9·87	44·9	0·392	0·384	
18	18	1·33	0·80	0·42	0·60	—	1·39	3·21	2·47	1·11				10·0	44·0	—	0·375	
19	19	1·33	0·40	0·60	0·70	0·70	1·30	0·90	1·10	1·00	1·20	2·10		10·0	40·3	0·392	0·344	
20	20	1·26	0·56	0·64	0·72	0·98	1·32	0·25	0·15	0·38	1·08	1·03	2·80	9·91	41·0	0·371	0·363	
21	21	1·25	0·40	0·60	0·70	0·70	1·30	0·90	1·10	1·00	1·20	2·10		10·0	39·5	—	0·356	
22	22	1·10	0·35	0·53	0·62	0·62	0·71	—	—	—	2·80	3·20		8·83	37·8	—	0·340	
23	23	2·26	0·74	1·14	1·32	1·32	1·52	—	—	—	6·0	6·0.		18·04	38·4	0·393	0·345	
24	24	0·82	0·80	0·66	0·48	0·50	—	—	—	1·18	3·38			7·0	46·1	0·423	0·439	
25	25	0·70	1·48	0·52	0·42	0·42	—	—	—	2·08	2·08			7·0	53·2	0·393	0·584	

(vgl. Abb. 1)

Nr.		Vers. Nr.	1	2	3	4	5	6	7	8	9	10	11	I	II	III	IV	
26		3	1·53	natürliches Gemenge mit $D = 12$											9·21	58·0	—	0·41	Donaugemenge
27		4	1·28	〃			〃		〃		〃				10·20	53·5	0·42	0·48	Einflußfaktor $\left(\frac{10}{r_z}\right)^3 = 150$
28		5	1·50	〃			〃		〃		〃				9·0	56·4	0·404	0·395	
29		6	2·0	〃			〃		〃		〃				9·0	60·3	0·403	0·335	
30	(vgl. Abb. 8)	7	1·01	〃			〃		〃		〃				9·09	52·75	0·445	0·527	minder zus.haltend.
31		8	1·20	0·50	1·70	2·20	—	—	4·40.					8·80	54·7	0·47	0·455	
32		9	1·40	0·80	3·60	—	—	4·20.						8·60	65·25	0·435	0·468	nicht zus.haltend
33		10	1·20	0·20	1·60	2·0	2·0	3·0.						8·80	54·0	0·535	0·45	
34		11	1·29	natürliches Gemenge mit $D = 12$											9·0	55·0	—	0·44	
35		12	1·20	1·50	2·00	—	—	—	—	5·30.				8·80	59·0	0·44	0·492	
36		13	1·10	1·40	1·90	—	—	—	—	5·60				8·90	56·0	0·445	0·51	
37		14	1·50	—	2·90	—	—	—	2·0	3·60				8·50	52·2	0·44	0·348	
38		15	1·29	natürliches Gemenge mit $D = 12$											9·04	53·5	0·465	0·428	
39		16	2·15												8·60	61·0	0·42	0·305	
40		17	1·0	1·50	2·0	—	—	—	2·0	3·50				9·0	55·5	0·41	0·555	
41		18	2·0	1·0	1·50	—	—	—	2·0	3·50				8·0	57·0	0·44	0·285	Gebrochenes
42		19	1·30	0·50	2·0	0·70	—	—	2·0	0·50	3·0			8·70	48·2	0·455	0·37	
43		20	1·30	0·50	1·0	0·40	1·30	1·0	1·50	—	3·0	3·80		8·70	45·2	0·495	0·348	minder zus.haltend
44		21	1·60	0·80	1·30	—	0·50	—	—	—	2·0			8·40	47·5	0·442	0·297	
45		22	1·70	—	2·30	—	—	—	—	—	—	6·0		8·30	42·7	0·470	0·252	
46	(vgl. Abb. 8a)	23	1·70	—	2·30									2·30	90·5	0·446	0·55	
47		24	2·22	—	3·0									3·0	—	—	—	
48		25	2·09	natürliches Gemenge mit $D = 12$											9·06	55·0	0·463	0·295	
49		26	1·20	0·30	0·80	0·80	0·90	1·50	1·50	1·50	1·50.			8·80	41·5	—	0·345	nicht 〃
50		27	1·15	natürliches Gemenge mit $D = 12$									3·0		9·20	46·2	0·55	0·415	minder 〃
51		28	1·35	0·37	0·53	0·62	0·62	0·71	—	—	2·80	3·0		8·65	39·75	0·435	0·295	
52		29	1·25	1·02	0·52	0·61	0·60	—	—	3·0	3·0.			8·75	46·7	0·47	0·374	minder 〃
53		30	1·70	—	2·30	—	—	—	—	3·0	3·0			5·30	58·0	0·485	0·238	
54		31	1·30	0·50	1·0	0·80	0·90	—	—	2·50	3·0			8·70	45·0	0·485	0·347	
55		33	1·30	0·80	1·50	0·50	0·50	1·0	1·0	1·50	1·90			8·70	50·5	0·425	0·388	Kantige Dolomitmure
56		34	2·75	0·80	1·50	0·50	0·50	0·55	1·0	1·50	1·90			8·25	61·3	0·38	0·245	
57		36	1·30	0·70	1·50	0·50	0·50	—	—	—	2·50	3·0		8·70	47·5	0·412	0·365	
58		37	1·0	0·50	1·50	1·0	0·50	—	—	2·0	2·0	1·50		9·0	43·0	0·455	0·43	minder zus.haltend
59		38	1·80	0·50	1·50	1·0	0·50	—	—	1·5	2·0	2·0		9·0	48·7	0·425	0·293	
60		39	1·30	1·0	1·0	1·0	0·50	—	—	1·0	2·0	2·50		9·0	47·5	0·428	0·375	
61		40	1·18	1·20	—	0·82	1·30	1·0	1·0	2·0	1·50	—		8·82	48·	0·424	0·408	
62		41	1·20	0·40	—	2·0	0·90	1·50	1·50	1·50	1·0			8·80	42·5	0·456	0·353	nicht 〃
63	(vgl. Abb. 9)	42	1·18	0·80	1·50	0·80	0·52	1·0	1·0	1·50	1·70			8·82	49·6	0·45	0·42	minder 〃
64		43	1·30	1·0	—	0·50	2·0	—	—	—	2·20	3·00		8·70	44·7	0·412	0·343	
65		44	1·50	0·50	0·80	1·0	0·50	—	—	1·0	1·0	2·0	1·70	8·50	43·6	0·428	0·29	
66		45	1·40	—	1·50	—	1·50	—	—	2·0	2·0	1·60		8·60	41·0	0·44	0·293	minder 〃
67		46	1·30	0·60	0·80	0·80	0·75	—	—	1·70	2·0	2·05	—	8·70	43·4	0·421	0·333	
68		47	1·30	0·60	0·80	0·80	0·75	—	—	1·70	2·0	2·05		8·70	43·4	—	0·333	
69		48	2·20	0·80	1·50	0·50	0·50	0·55	1·55	1·50	1·90	—		9·40	56·2	0·398	0·281	
70		49	1·30	0·80	1·50	0·50	0·50	1·0	1·0	1·50	1·90			8·70	50·5	0·443	0·388	
71		50	1·60	0·60	0·80	0·80	0·75	—	—	1·40	2·0	2·05		8·40	47·0	0 422	0·296	

Unsere Versuchsreihen mit dem von der Bundesbahnverwaltung dankenswerterweise beigestellten „kantigen Dolomitgemenge" aus dem Grieselbach der Leoganger Steinberge zeigen aber auch den großen Einfluß der Oberflächenbeschaffenheit der Körner. Dieser Zuschlagstoff besitzt kantige aber auffallend glatte Körner, welche im Feuchtgemenge wesentlich leichter beweglich sind als die rauhflächigen Kantgemenge des Donaugebietes. Sie erfordern daher auch gemäß Abb. 5 zur Erreichung gleicher Steifegrade wesentlich kleinere Verdünnungen und kommen hiedurch trotz ihrer kantigen (konstruktiv vorteilhaften) Formen dem Rundgemenge in der Verarbeitbarkeit sehr nahe.

B. Vergleichung aller gebräuchlichen Verfahren zur Messung der Betonsteife untereinander und mit den verschiedenerseits empfohlenen neueren Verfahren.

Abgesehen von den mit unempfindlicheren Geräten gemäß neueren Vorschlägen überprüften Ergebnissen sind in der Abb. 6 die Vergleichungen der üblichen Steifemessungen mit dem Stuttgarter Rütteltisch, u. zw. nach Ausbreitmaßen und nach Powersgraden ersichtlich gemacht.

Für die zielsichere Betonbildung hat es eine gewisse Bedeutung, den ganzen Umfang zusammenhaltender Betonsteifen einheitlich messen zu können. Wir haben daher das für den Bereich plastischer Betonsteifen bereits gut eingeführte und bewährte „Ausbreitmaß" des flowing test als unseren Zwecken nicht völlig entsprechend befinden können. Denn es ist bekannt, daß es in den Grenzbereichen der erdfeuchten (etwa $> 38\ P$) und der dünnflüssigen Steifen (etwa $< 9\ P$) immer ungenauere Ergebnisse liefert, bis es von gewissen Steifegraden an überhaupt versagt. Aber auch innerhalb obiger Grenzen schwanken gelegentlich die bestimmten Powersgraden entsprechenden Ausbreitmaße zusammenhaltender Mischen bis zu 20% (s. Abb. 6, ferner Anhang B, V, 1. Absatz).

Da dieser Nachteil dem Umformungsversuch (remolding test) nach Prof. Powers (s. I. Bericht, S. 10) weniger anhaftet und sein Gerät einfach und billig, das Verfahren rasch und ziemlich eindeutig ist, haben wir dasselbe unserer Gradeinteilung zugrunde gelegt (s. Pkt. 5).

C. Aufstellung einer begründeten Beziehung zwischen den jeweils ermittelten „Verdünnungen" k der Mische zu den Ergebnissen des als zuverlässigst befundenen Meßverfahrens der Betonsteife.

Das Meßverfahren mittels Umformung nach Powers hat sich sowohl bei unseren Versuchen als auch bei jenen des bekannten deutschen Betonforschers Dr. Alfred Hummel in Berlin (wie gesagt) noch als das zuverlässigste mit dem weitesten Anwendungsbereich erwiesen. Daher haben wir es für die Gradmessung der Betonsteife in der unter Pkt. 4 und 5 dargestellten Weise zugrunde gelegt.

Tatsächlich ergeben alle gut zusammenhaltenden Frischbetone von gleicher Gesteinsbeschaffenheit in der Linientafel III (Abb. 7—9) stets einen ziemlich schmalen Flächenstreifen. Jedem Größtkorn und jedem

Tafel III

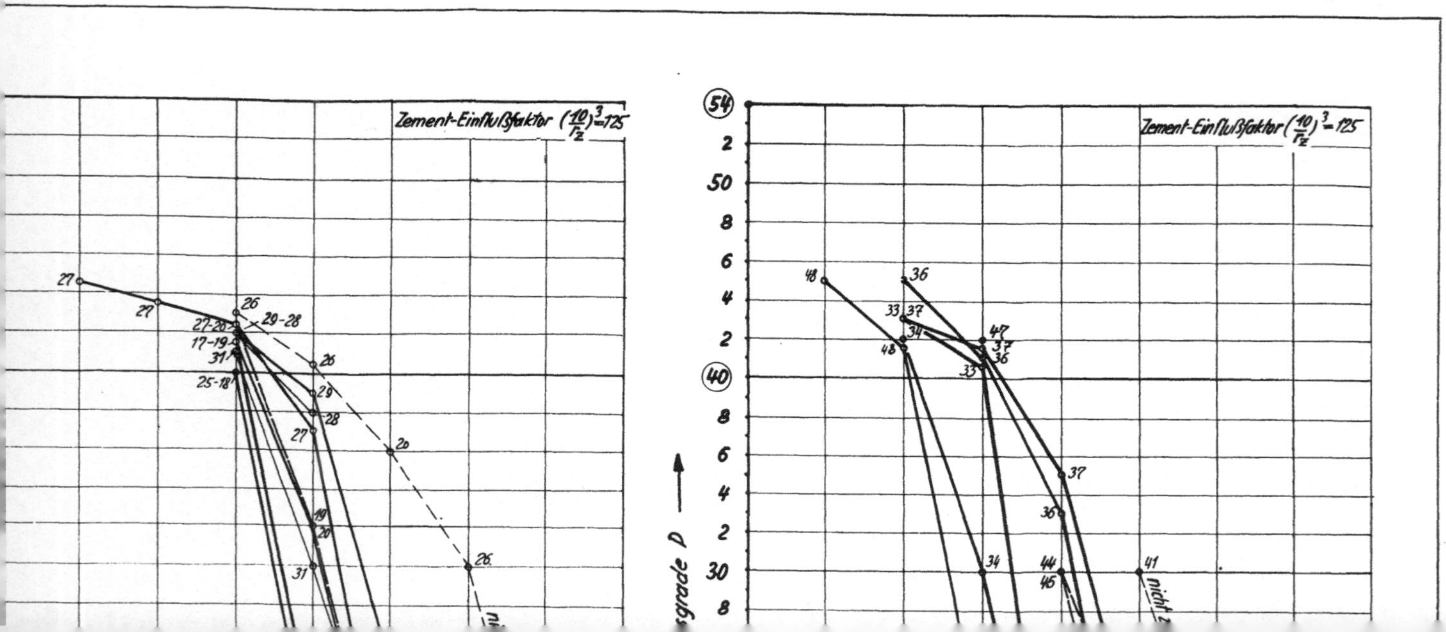

Zement-Einflußfaktor $\left(\dfrac{10}{z}\right)^3 = 125$

Zement-Einflußfaktor $\left(\dfrac{10}{z}\right)^3 = 125$

sgrade D

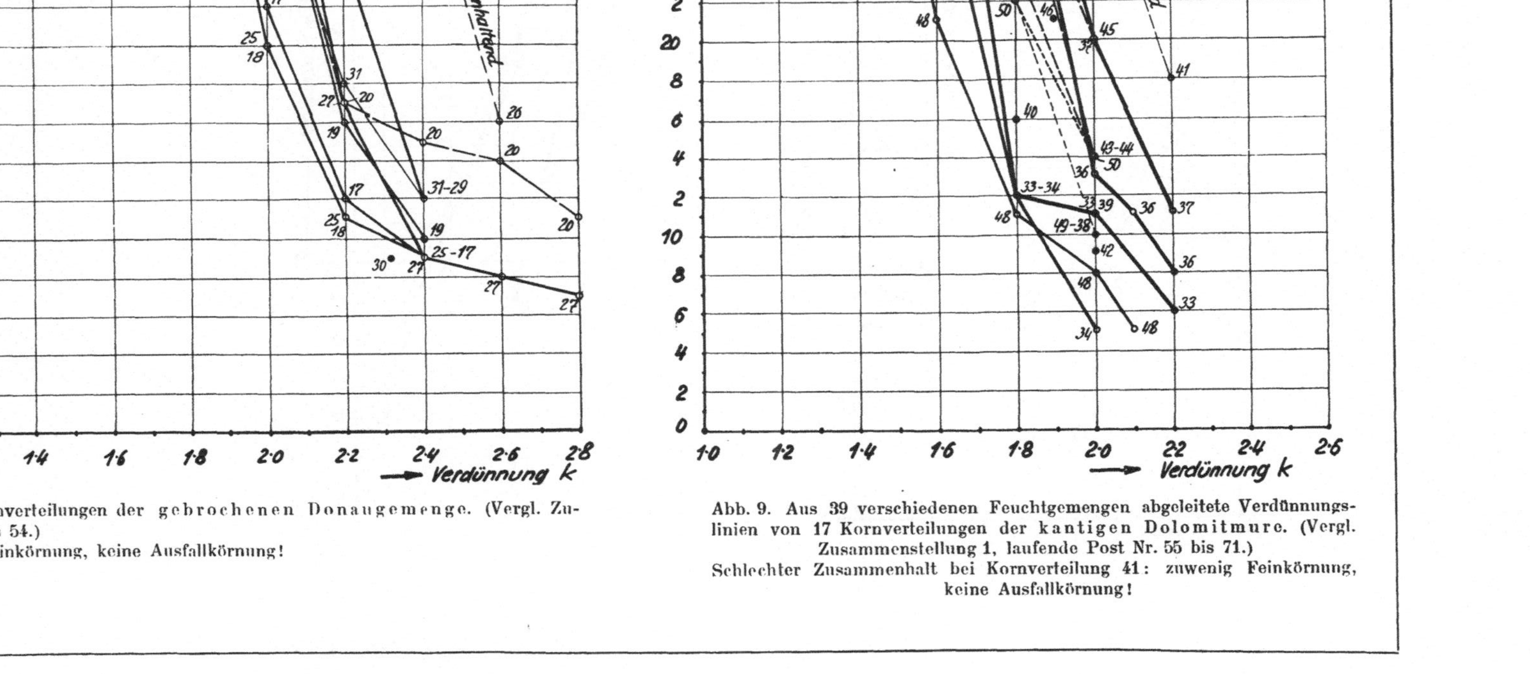

Kornverteilungen der gebrochenen Donaugemenge. (Vergl. Zu-
6 bis 54.)
g Feinkörnung, keine Ausfallkörnung!

Abb. 9. Aus 39 verschiedenen Feuchtgemengen abgeleitete Verdünnungslinien von 17 Kornverteilungen der kantigen Dolomitmure. (Vergl.
Zusammenstellung 1, laufende Post Nr. 55 bis 71.)
Schlechter Zusammenhalt bei Kornverteilung 41: zuwenig Feinkörnung,
keine Ausfallkörnung!

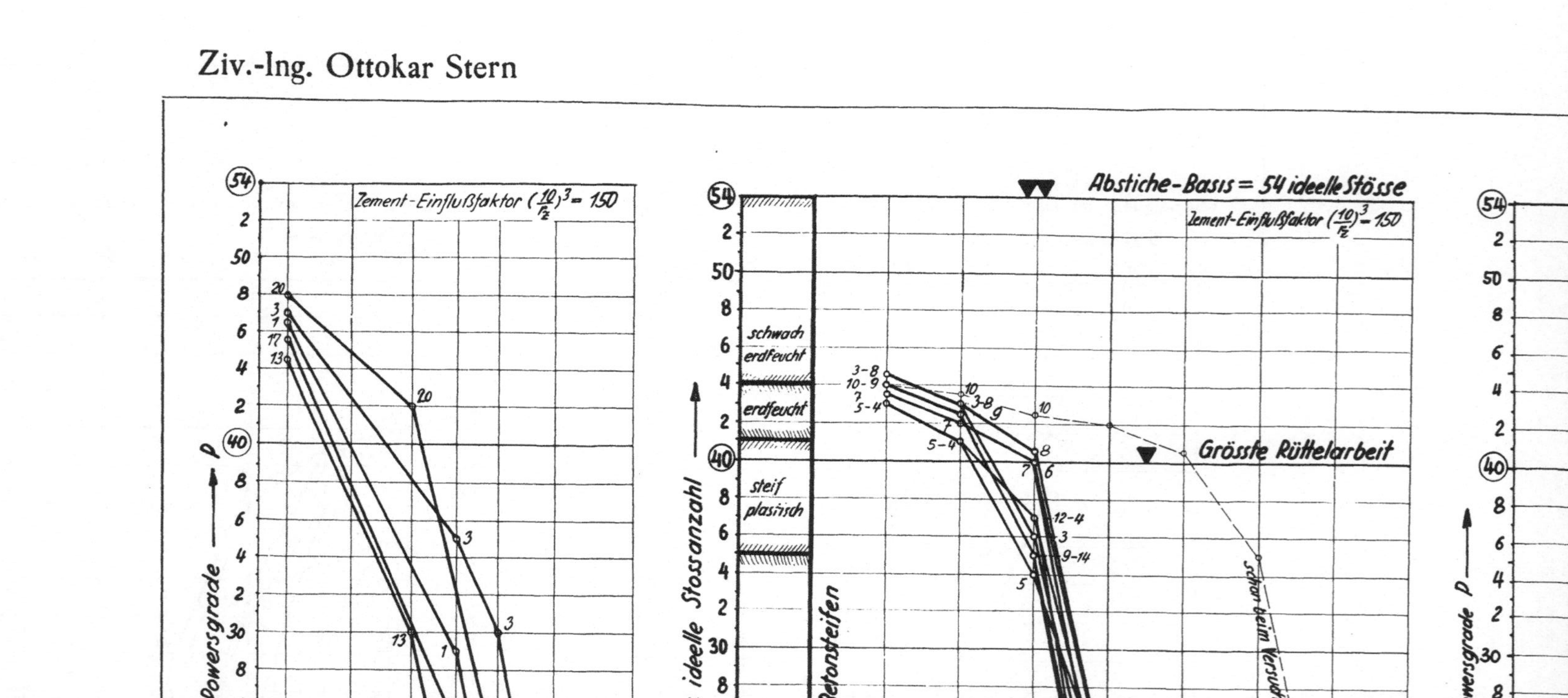

Ziv.-Ing. Ottokar Stern
Zement-Einflußfaktor $(\frac{10}{f_z})^3 = 150$
Powersgrade P
Abstiche-Basis = 54 ideelle Stösse
Zement-Einflußfaktor $(\frac{10}{f_z})^3 = 150$
schwach erdfeucht
erdfeucht
steif plastisch
Betonsteifen
w. ideelle Stossanzahl
Grösste Rüttelarbeit
schon beim Versuch
Powersgrade P

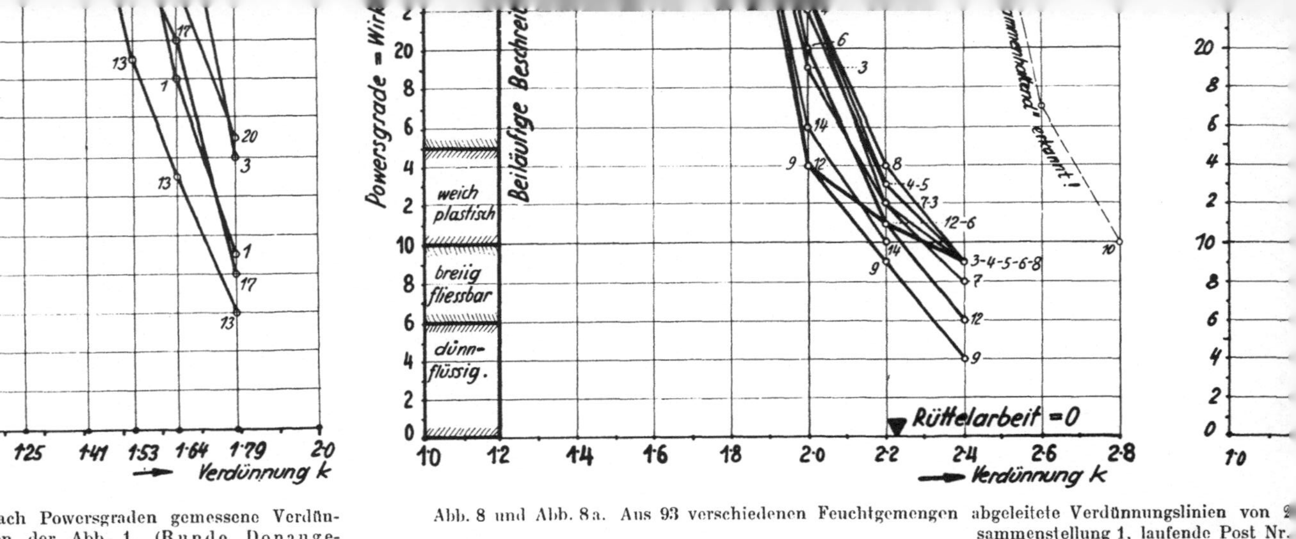

Abb. 7. Nach Powersgraden gemessene Verdünnungsreihen der Abb. 1. (Runde Donaugemenge siehe Zusammenstellung 1, laufende Post Nr. 1 bis 25.)

Abb. 8 und Abb. 8a. Aus 93 verschiedenen Feuchtgemengen abgeleitete Verdünnungslinien von 2 sammenstellung 1, laufende Post Nr. Schlechter Zusammenhalt bei Kornverteilungen 10 und 26: zuwe

Mischungsverhältnis scheint hiebei eine besondere Linie zuzugehören (vgl. Abb. 5). Da aber diese beiden Werte in allen praktischen Fällen von vornherein bekannt sind oder ermittelt werden (s. Programmpunkt F), so kann auf der Verdünnungstafel der jeweiligen Stoffgattung auch alsbald jener Linienzug bestimmt werden, welcher im gegebenen Falle für die Zuordnung der Steifegrade zu den Verdünnungen und umgekehrt maßgebend ist.

Hier sei noch darauf hingewiesen, daß die Abb. 8 dieselbe gebrochene Stoffgattung wie die Abb. 8a betrifft. Die Versuchsreihen der Abb. 8 wurden aber noch mit dem gleichen Einflußfaktor des Zements $\left(\dfrac{10}{r_z}\right)^3 = 150$ durchgeführt, welcher sich für die vorausgegangenen Versuchsreihen mit

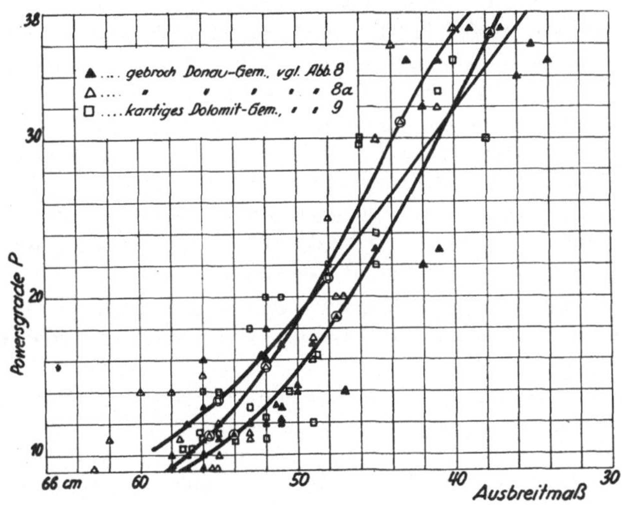

Abb. 6. Vergleichsbild der Ausbreitmasse und Powersgrade. Die eingetragenen Linienzüge enthalten die aus allen Feuchtgemengen abgeleiteten wahrscheinlichsten Punktlagen für die Versuchsreihen der Abb. 8, 8a und 9. Im wesentlichen lassen sie erkennen, daß die wahrscheinliche Vergleichsbeziehung unabhängig ist von Gattung und Verdünnung.

runden Donaugemengen (Zusammenstellung 1, Post-Nr. 1—25 und Abb. 7) ergeben hatte. Wenn jedoch die Kornform des Zuschlagstoffes nicht rund, sondern kantig ist, erscheint es logisch, daß das Verhältnis ihrer Einflußfaktoren zum Einflußfaktor des unveränderten Zements sich entsprechend ändern muß. Diese Änderung haben wir im Versuchswege ermittelt (s. Anhang B, II) und gefunden, daß gegenüber kantigen Zuschlagstoffen der Zement den Einflußfaktor $\left(\dfrac{10}{r_z}\right)^3 = 125$ besitzt, welcher unseren weiteren Versuchsreihen mit kantigen Zuschlagstoffen (Abb. 8a und 9) schon zugrunde liegt. $r_z = \sqrt[3]{2n}$ daher $n = 4$, vgl. Fußnote [6]).

Bei schlechtem Zusammenhalt des Frischbetons erfordert jeder Steifegrad empfindlich größere Verdünnungen des Gemenges (vgl. die Linienzüge 10, 26, 41 der Abb. 8, 8a und 9).

Dagegen erfährt der Steifegrad zusammenhaltender Feuchtgemenge schon auffallende Veränderungen, wenn Schwankungen von mehr als $\pm 1\cdot5\%$ ihres Wassergehaltes eintreten.

Der im I. Versuchsbericht von Ing. Zeissl dargelegte Zusammenhang zwischen Verdünnungen k, Verteilungszahlen λ und Wasseransprüchen w kann in der Abb. 13, welche weiter unten im Zusammenhang aller dieser Werte mit den Steifegraden P noch besprochen werden soll, gut überblickt werden.

Am Fußende der linksseitigen Tafel der Powersgrade in Abb. 13 sind die Angaben der Gattungsmerkmale von drei Trockenstoffen beispielsweise angeführt. Das Wesentliche der neuen Erkenntnisse möge etwa folgenderweise veranschaulicht werden:

Welche Kornverteilung (d. h. Verteilungszahl λ) auch immer jede der drei dort beschriebenen Trockenstoffgattungen besitzt, wird eine Mischwassermenge im Ausmaße etwa der $k = 1\cdot8$fachen jeweiligen Verteilungszahl λ immer eine Trockenstoffmenge von $1000\,kg$ im Falle der (von links) ersten Stoffgattung auf die Betonsteife $P = 9$, der zweiten auf die Betonsteife $P = 42$, dagegen der dritten Gattung auf die Betonsteife $P = 33$ bringen, vorausgesetzt, daß sich dabei überhaupt zusammenhaltende Feuchtgemenge ergeben. Letztere Bedingung schränkt naturgemäß den Bereich der zulässigen Kornverteilungen λ für jede Stoffgattung in bestimmter Weise ein.

Ebenso beschränkt diese Bedingung auch den erzielbaren Bereich der Betonsteifen (d. h. Powersgrade, bezw. Verdünnungen) jeder Stoffgattung.

Die Bedeutung dieses Sachverhaltes liegt in der Möglichkeit, nunmehr für jede wie oben gekennzeichnete Trockenstoffgattung im Wege des „Vorversuchs" mit einer einzigen genau bekannten Kornverteilung die zu den aufeinanderfolgenden Verdünnungen gehörigen Betonsteifen (Powersgrade) ermitteln, dann aber auch schon für alle anderen Kornverteilungen dieser Stoffgattung (im weiteren Sinne) anwenden zu können. Dadurch wird die häufigste und empfindlichste Fehlerquelle bei Übertragung der Versuchsergebnisse auf die wechselvollen Verhältnisse der praktischen Bauausführung beseitigt und es kann weitgehende Sicherheit in der Voraussage der Betonbildung erzielt werden.

D. Ausbildung der Überflutungsmethode zur Bestimmung der Eigenfeuchtigkeit von Zuschlagstoffen ohne künstliche Trocknung.

Eine Methode zur Bestimmung der Eigenfeuchtigkeit eines Zuschlagstoffes, ohne die umständliche Trocknung desselben durchführen zu müssen, und welche trotzdem bei geeigneter Durchführung bis auf $1\,l$ pro $1000\,kg$ Zuschlagstoff genau ist, ist die Überflutungsmethode.[5] Diese Methode

---

[5] S. Dr. F. Bendel, Zeitschrift des „Österr. Ing.- u. Arch.-Verein", H. 35/36 ex 1932, S. 184, Pkt. B. Unsere Meßflaschenbestimmung übertrifft an Genauigkeit selbst die umständlichen Meßverfahren und wird höchstens von jenem des elektrischen Trockenofens erreicht.

eignet sich vorzugsweise für die Ermittlung des Wasserzusatzes auf der Baustelle, wo es sich um die Vermeidung aller Umständlichkeiten handelt und wo Korntrennungen nur vereinzelt zur Bestimmung der Verteilungszahl nötig werden. Letzteres kommt hauptsächlich bei der Durchführung der Vorversuche zur Bauausführung in Frage, wo dann selbstverständlich die künstliche Trocknung der Zuschlagstoffe unvermeidlich ist.

Zur Bestimmung der Eigenfeuchtigkeit ohne Trocknung verwenden wir die in Abb. 10 abgebildete **Meßflasche**. Sie besitzt ein kubiziertes Standrohr. In den Flaschenkörper wird nach Abschrauben des unterseitig konisch geformten Deckels eine genau gewogene Menge feuchten Zuschlagstoffes (bei unserer Ausführung 3 *kg*) sowie 1 *l* Wasser auf weiter unten be-

Abb. 10. Die **Meßflasche** nach Dr. F. **Bendel** zur Bestimmung von Vollraummetergewichten und Eigenfeuchtigkeiten.

schriebene Weise eingefüllt und das Gesamtvolumen am Standrohr abgelesen. Aus diesem Volumen wird das Maß der Eigenfeuchtigkeit abgeleitet.

Bezeichnen wir mit:

$G_n = $ Zuschlagstoff, naß, in Kilogramm,

$G_t = $ derselbe Zuschlagstoff, trocken, in Kilogramm,

$x = $ Eigenfeuchtigkeit in Liter oder Kilogramm,

$V = $ Gesamtvolumen, abgelesen am kubizierten Standrohr in Litern, dann ist:

1. $G_n = G_t + x$ oder $G_t = G_n - x$. Ferner:

2. $V = \dfrac{G_t}{\gamma} + 1 + x$ in Gleichung 1) eingesetzt:

$$V = \frac{G_n}{\gamma} + 1 + x\left(1 - \frac{1}{\gamma}\right).$$

In Worten: Der **Gesamtraum** V setzt sich zusammen aus dem **Vollraum** des naturfeuchten Gemenges $\dfrac{G_n}{\gamma}$, aus dem **Wasserzusatz** von 1 *l* und aus jenem Teil der **Hohlräume**, welchen schon die **Eigenfeuchte** erfüllt hat, d. i.: $x \cdot \left(1 - \dfrac{1}{\gamma}\right)$.

In dieser Gleichung ist nur x unbekannt. V wird am Standrohr abgelesen, G_n ist durch Wägung ermittelt. Das mittlere Vollraumlitergewicht γ muß vorausgängig auf zwei Dezimalstellen genau ermittelt werden. In unserem Falle ist $G_n = 3$ *kg*. Die **Linientafel** Abb. 11 liefert für alle abgelesenen Volumina V und praktisch vorkommenden spezifischen Gesteinsgewichte γ durch unmittelbare oder interpolierte Ablesung der Abszisse die unbekannte Eigenfeuchtigkeit x je 3 *kg* Zuschlagstoff.

Beim Versuch ist der folgende **Vorgang** einzuhalten:

Zwecks Probenahme ist die oberste Schichte des Zuschlagstoffes örtlich zu beseitigen, so daß man eine die tatsächliche Eigenfeuchtigkeit und das richtige Gemenge aufweisende Probe ziehen kann. Dann werden 3 *kg* möglichst genau abgewogen. Aus einer kubizierten Literflasche wird zuerst in das Maßgefäß etwa 0·5 *l* Wasser geschüttet und der Zuschlagstoff unter Umrühren in dünnem Strahl einrinnen gelassen, so daß alle Luftblasen entweichen können. Hierauf wird der Deckel aufgeschraubt und der restliche Inhalt der Wasserflasche durch das Standglas in das Meßgefäß entleert und letzteres wiederholt kräftig gerüttelt oder mit einem Hammer abgeklopft. Hierauf kann aus dem abzulesenden Volumen V bereits die Eigenfeuchtigkeit x in der angegebenen Weise bestimmt werden.

E. Erkenntnisse über die **wahre** Kornverteilung und die durch **Staffelung nach Korngruppen** erfaßbare Kornverteilung.[6]

Der Darstellung der Kornverteilung durch Staffelung nach Korngruppen liegt stets die mehr oder weniger unrichtige Annahme zugrunde, daß jede Staffel gleichkörnig sei. Z. B. haben wir laut Fußnote [1] S. 9 für die Ableitung der Verteilungszahl das arithmetische Mittel der Nachbarsiebmoduln als gleichmäßigen Kornmodul jeder Gruppe zugrunde gelegt; der so erhaltene „Einflußfaktor der Gruppe" wurde nun der Gewichtsmenge (also dem einzelnen Rückstand des feineren Siebes) zugeteilt. Die Summe dieser Produkte ergab je 1000 *kg* der ganzen Probemenge die Verteilungszahl λ. Auf diese Weise ist λ nicht unabhängig von der Wahl des Siebsatzes, so daß die Festsetzung nötig ist, daß für jede Stoffgattung die Sieböffnungen grundsätzlich in stets gleicher und möglichst enger Größenfolge anzuordnen sind (vgl. Abb. 17).

Trotzdem wird oft genug eine solche Anordnung kein unverfälschtes Bild der Kornverteilung liefern. Da sich die Abweichungen von der Wirklichkeit bei der Ermittlung der Verteilungszahl λ aber wesentlich stärker äußern können als bei jener der Schlußkornpotenzen der verschiedenen Ordnungen (R), kann es auch von Interesse sein, schon aus letzteren und aus den zu ihnen gehörigen summarischen Durchgangsmengen (σ) die Verteilungszahl zu berechnen. Die hiefür nach unseren Versuchen aufgestellte Beziehung lautet:[6]

$$\lambda \doteq 3 \cdot \frac{\sigma_{(')}}{R_{(')}} + 2\cdot 4 \,\frac{R_{(')}}{R''} \cdot \frac{\sigma'}{R'_m}.$$

Sie läßt auch die Eindeutigkeit der Verteilungszahl eines Korngemenges erkennen. Einfach und hinlänglich genau ist dieses Verfahren auf

---

[6] Streng richtig wäre: $\lambda = 1000 \left(\dfrac{\sigma_{(')}}{2\,n} + [\sigma' - \sigma_{(')}] \,\dfrac{R_{(')} + R'_m}{2\,R^2_{(')}\,R'^2_m} + [1 - \sigma'] \,\dfrac{r_2 + r_D}{2\,r_2^2\,r_D^2} \right).$

Der Zementfaktor n hängt von den auf S. 8 und S. 29 angedeuteten Umständen ab. Näheres hierüber und über wesentlich vereinfachte Berechnung von λ enthält Anhang B, III und IV.

Aus den spezifischen Gewichten, bezw. den Gesamtkornpotenzen, bzw. den Verteilungszahlen für den Zement *(z)* und für das Steingemenge *(s)* ergeben sich bei Trockenstoffen im Zementmischungsverhältnis 1 : μ (nach Gewichtsteilen) die folgenden Mischwerte:

Das Vollraumlitergewicht $\gamma = 3\cdot 1\,\gamma_s \cdot \dfrac{1 + \mu}{\gamma_s + 3\cdot 1\,\mu}$ (wo spezifisches Zementgewicht 3·1 ist).

Die Gesamtkornpotenz $R'_m = \dfrac{R'_z}{1 + \mu} + \dfrac{R'_s}{1 + \dfrac{1}{\mu}}.$

Die Verteilungszahl $\lambda = \dfrac{1}{1 + \mu} \cdot \lambda_z + \dfrac{\mu}{1 + \mu} \cdot \lambda_s.$

die Regelverteilungen mit ordnungsgleichen Mengenteilungen (Parabeln und logarithmische Linien, bezw. deren Kombinationen, siehe „Das Betonwerk", 1933, Heft 21: „Zu den Versuchsmethoden der Regelverteilungen mit ordnungsgleichen Mengenteilungen", ferner Abb. 12) anwendbar, weil

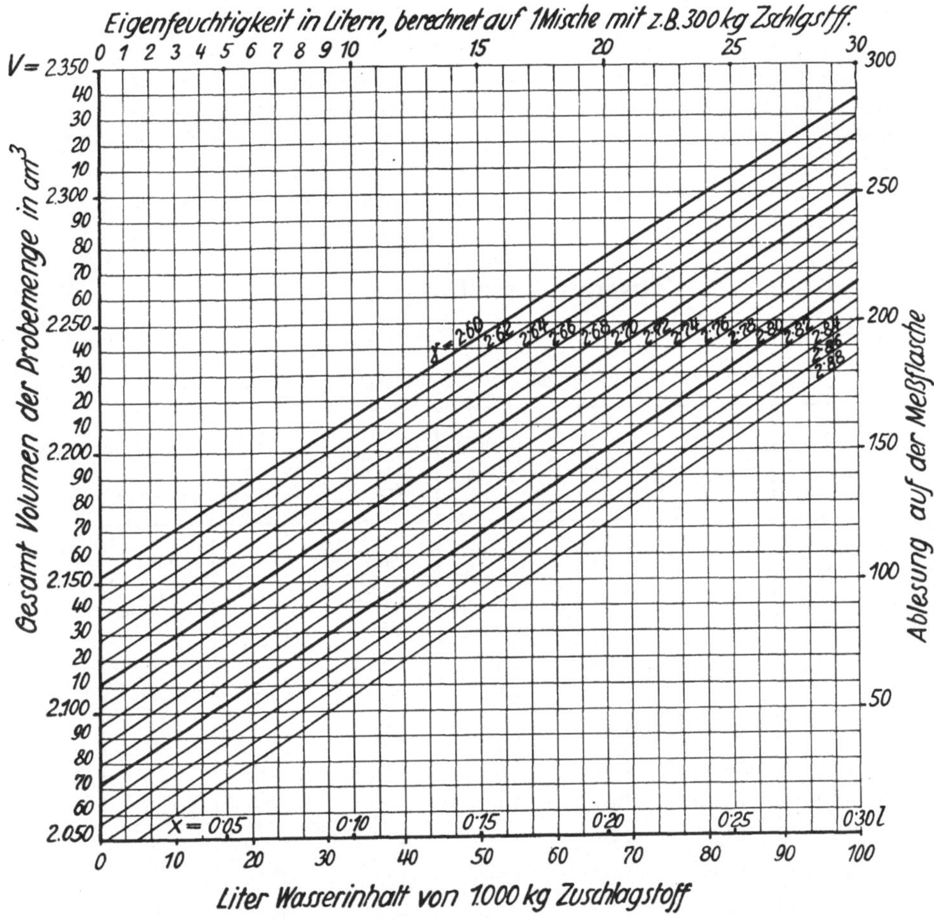

Abb. 11. Rechentafel der Eigenfeuchtigkeiten von Zuschlagstoffen. Die Bezifferung der oberen Abszissenachse kann je nach dem Mischtrommelinhalt erfolgen. Erfordert letzterer M^{kg} Zuschlagstoffe und ist x die Eigenfeuchte in 3 kg Probemenge, so ergeben sich die Teilungsziffern aus $\dfrac{M}{3} \cdot x$ in Litern je Mische.

solche Kornverteilungen von vornherein sowohl bekannte Schlußkörner der verschiedenen Ordnungen als auch zu ihnen gehörige bekannte Durchgangsmengen besitzen, so daß sich ihre Verteilungszahlen nach obiger Formel überhaupt ohne Korntrennung ergeben.

Für derlei Kornverteilungen kann sogar dank der bekannten funktionellen Zusammenhänge ihrer Korngrößenordnungen untereinander und mit deren Durchgangsmengen (σ) schließlich die Verteilungszahl λ als alleinige Funktion der Gesamtkornpotenz R_m' (also des Feinheitsmoduls) ausgedrückt werden. Aus diesem Sachverhalt erkennt man, daß nur bei gleichartigem analytischem Aufbau der Kornverteilung der Feinheitsmodul jene eindeutige Kennziffer sein kann, welche über den Wasseranspruch auch die anderen Güteeigenschaften des Betons zu erfassen vermag (vgl. im Anhang B, V, über Abrams' Entdeckung).

Zwecks Veranschaulichung der Abweichungen, welche sich aus nicht immer einheitlicher Staffelung nach Korngruppen bei der Ermittlung von λ ergeben können, wurden in der Zusammenstellung (2) einige Kornverteilungen des I. und II. Versuchsberichtes einerseits nach obiger Formel (aus den Schlußkörnern der 1., —1. und 2. Ordnung) und anderseits nach Einflußfaktoren berechnet (vgl. als besonders drastisch Abb. 1, Nr. 12 und Abb. 12, $Pg\,1$ bis GA).

Zusammenstellung 2.

Verteilungszahl λ, abgeleitet aus der Mengenteilung der Schlußkörner (-1.) u.
1. Ordnung.
Verteilungszahl (λ), abgeleitet aus den Einflußfaktoren der Kornstaffeln.

Bezeichnung der Kornverteilung	$3\,\dfrac{\sigma_{(')}}{R_{(')}}$	$2{\cdot}4\,\dfrac{R_{(')}}{R''}$	$2{\cdot}4\,\dfrac{R_{(')}}{R''}\,\dfrac{\sigma'}{R'_m}$	λ nach den Schlußkörnern	(λ) nach allen Einflußfaktoren	Vergleich m. d. wahren Wert 1 $\dfrac{\lambda}{(\lambda)}=\varphi:1$
$Pt\,1$	15·0	1·615	18·8	34·4	37·8	0·91
$Pt\,2$	15·12	1·65	17·5	32·62	31·02	1·05
$Pg\,1$	22·92	1·57	25·6	48·52	42·64	1·14
$Pg\,2$	19·65	1·618	22·58	42·23	33·89	1·25
$PG\,1$	26·55	1·51	26·9	53·45	43·91	1·22
$PG\,2$	22·26	1·52	23·4	45·66	54·40	1·33
GA	31·56	1·015	12·5	44·06	51·02	0·86
$GA\,1$	35·49	1·04	13·8	49·29	55·61	0·89
$GA\,2$	31·05	1·015	11·37	42·42	47·40	0·90
S	22·68	1·332	18·0	40·68	43·12	0·95
$S\,1$	24·6	1·362	20·2	44·8	46·5	0·96
$S\,2$	21·36	1·368	17·55	38·91	39·08	1·0
Nr. 1	37·17	1·17	16·2	53·37	58·1	0·92
Nr. 3	36·3	1·0	12·9	49·2	53·7	0·918
Nr. 5	34·55	1·162	13·8	48·15	50·6	0·953
Nr. 10	23·19	1·28	13·95	37·14	40·7	0·914
Nr. 12	14·88	1·335	14·15	29·83	38·1	0·785
Nr. 13	25·02	1·348	19·5	44·52	48·7	0·917
Nr. 17	23·19	1·305	17·22	40·41	44·9	0·9
Nr. 20	23·1	1·335	16·8	39·9	41·0	0·977
Nr. 24	25·59	1·21	14·92	40·51	46·1	0·883

Die dritte Spalte dieser Zusammenstellung beziffert die Multiplikatoren der jeweiligen „potenzbezogenen Durchgangsmengen 1. Ordnung" $\left(\dfrac{\sigma'}{R_m{}'}\right)$. Sie schwanken durchwegs zwischen $1{\cdot}0$ und $1{\cdot}65$ und betragen daher nur etwa 33—55% des Multiplikators 3 für die zugehörigen „potenzbezogenen Durchgangsmengen (—1.) Ordnung" $\dfrac{\sigma_{(')}}{R_{(')}}$. Innerhalb des Bereiches von 33 bis 55% bestimmt sich der Wert dieses Multiplikators aus dem Kornpotenzenverhältnis der Feiner- und der Gröberkörnungen $\left(\dfrac{R_{(')}}{R''}\right)$. Die Darstellung der Verteilungszahl λ aus den Schlußkörnern bestätigt demgemäß die wichtige Erkenntnis, welche schon die Betonpraxis seit längerer Zeit vermuten ließ und welche sowohl durch die Zeißl'schen Einflußfaktoren als auch durch die Betrachtung der Waagschalenarme auf der Kornpotenzwaage erfaßt und veranschaulicht wurde: daß nämlich der Einfluß jeder Kornverteilung überwiegend eine Funktion des Verhältnisses seiner Feinstanteile zu den übrigen Anteilen ist.

Vertieft man sich im Sinne vorstehender Erkenntnisse in die Schlußfolgerungen, welche sich aus ihnen für Regeltypen von Kornverteilungen nach Abb. 12 ziehen lassen, so ergeben sich analytische Begründungen der richtig begrenzten Ausfallkörnungen. Für letztere hatte man bekanntlich bisher nur gefühlsmäßige, zellentheoretische Erklärungen. (Näheres s. Schlußwort S. 46.)

Unter anderem macht das sinnige Gewebe von Bindungen innerhalb dieser Regeltypen es auch verständlich, daß die Zugehörigkeit der Betonsteifegrade zu den einzelnen Werten der Verdünnungsreihe hier nur von der Stoffgattung im engeren Sinne und nicht auch vom Mischungsverhältnis und Größtkorn abhängt.

Für derlei Regeltypen ist daher der Geltungsbereich von Vorversuchen zwecks Feststellung der gedachten Zugehörigkeit noch wesentlich erweitert.

F. **Darstellung und Lösung der Hauptaufgaben in der Betonpraxis.**

Von den fünf ziffernmäßig erfaßbaren Elementen der Betonbildung:

der Verteilungszahl des Trockengemenges λ (bezw. des bloßen Zuschlagstoffes λ_s),

dem Wasserzementfaktor $f = \left(\dfrac{w}{z}\right)$,

dem Steifegrad P,

dem Zementanteil z,

dem Dichtigkeitsgrad Δ der eingerüttelten Mische von mittelplastischer Betonsteife (etwa 25 P),

erscheint λ insofern teilweise festgelegt, als es aus wirtschaftlichen Gründen nur in beschränktem Maße, u. zw. gewöhnlich nur durch die veränderliche Zementmenge z beeinflußt werden kann. Wenn neben dem meistens gegebenen λ_s noch zwei von den übrigen Werten gegeben sind, so sind auch schon alle anderen Werte für die Betonbildung festgelegt.

Die Hauptaufgaben der Betonpraxis bestehen gewöhnlich in einer der folgenden Kombinationen, deren Lösung die vorausgängige Ermittlung jener Verdünnungsreihe k_x und jenes Dichtigkeitsfaktors δ erfordert, welche der vorliegenden **„Stoffgattung"** im Sinne der Punkte 5 und 6, als Konstante zukommen.

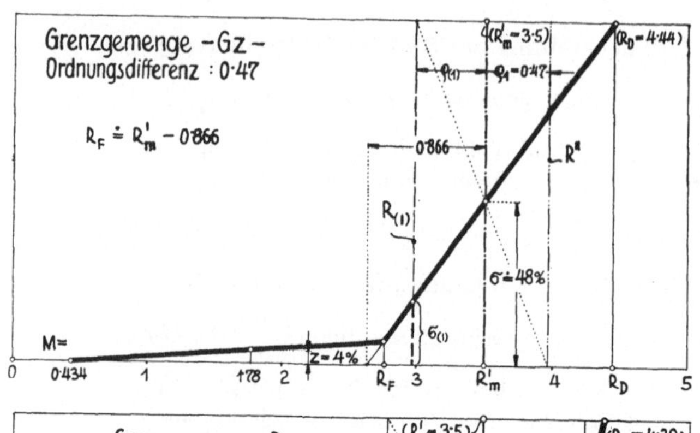

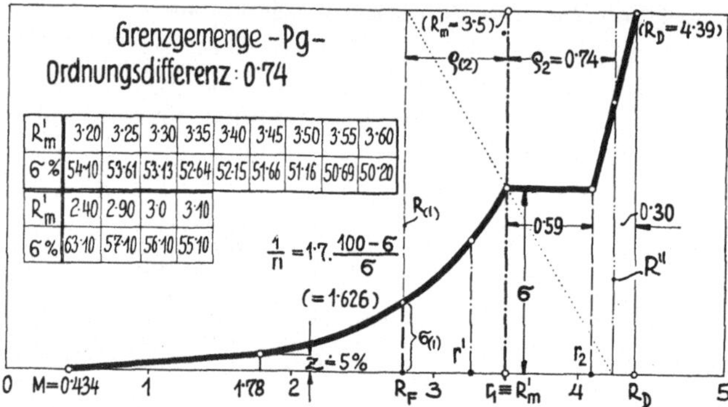

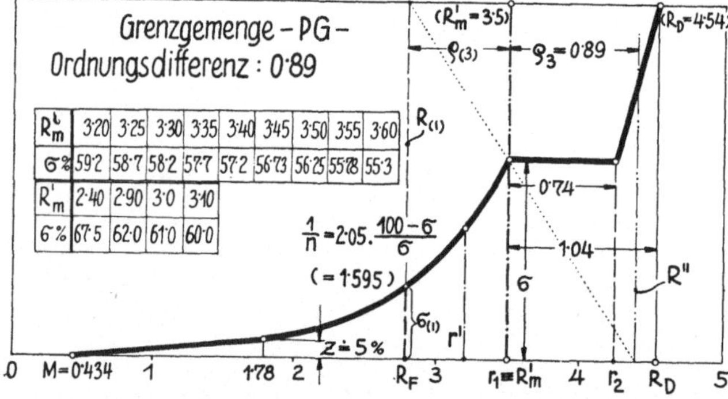

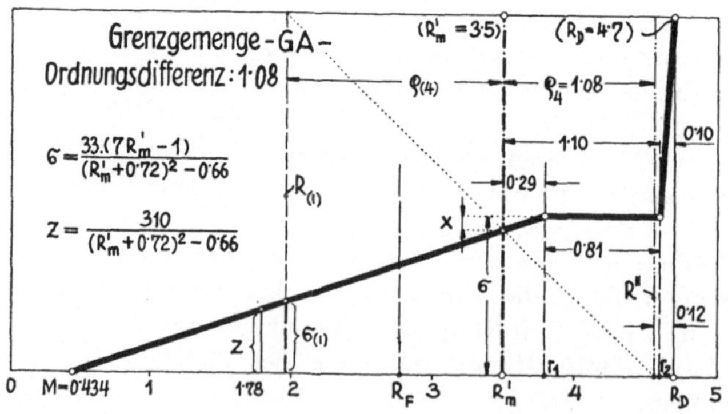

Abb. 12.

Einige „unstetige aber mischtechnisch gleichwertige Regelverteilungen" gleicher Kornpotenz 1. Ordnung R'_m und gleicher Mengenteilung (— 1.) Ordnung $\sigma_{(')}$.

Als Feinstkörnung bildet der Zement überall den unteren Verteilungsabschluß. Jene Korngröße, unterhalb welcher weniger als 1% der Gesamtmenge zu liegen kommt, darf als nicht mehr vertretenes „Kleinstkorn" (Durchgang $\doteq 0$) angesehen werden. Dies ist bei allen parabolischen Verteilungen stets am Schlußkorn (—4.) Ordnung der Fall, weil dessen Mengenordinate immer $e^{-5} \doteq 0.67\%$ wäre.

Die Verteilungszahlen λ sind hier gegebene, verschiedene Funktionen der potenzbezogenen Durchgangsmengen σ und Ordnungsdifferenzen ρ (vgl. die bzgl. Formel, S. 32. Abschn. E). Wiewohl verschieden, können die Funktionen für derlei Regelverteilungen doch gleiche Ziffernwerte λ ergeben, wenn der Gleichheit von R_m' und $\sigma_{(')}$ etwa entgegengesetzte Ungleichheiten von $R_{(')}$ und R'' sowie auch die entsprechend ungleichen σ' gegenüberstehen. Diese Bedingung ist bei allen nebenstehenden Typen erfüllt.

Bei gleicher Stoffgattung haben daher alle nach ihnen zusammengesetzten Kornverteilungen einerseits gleiche Höchstdichtigkeitsgrade Δ und anderseits dieselben ideell kleinsten Wasseransprüche λ für einen ideellen „Plafond" der Betonsteifen.

Dagegen wachsen die weiteren absoluten Wasseransprüche dieser Regelverteilungen — bei gleichem R'_m — für die jeweils verschiedenen, praktisch erreichbaren, zusammenhaltenden Betonsteifen im selben Maße wie ihre relativen Wasseransprüche, d. h. ihre Verdünnungen k (vgl. Abb. 13).

Jede Stoffgattung sollte daher in solchen Regelverteilungen mit gleichem R_m' nur eine Verdünnungslinie (s. Abb. 5) besitzen. Die Unterschiede der einzelnen Regeltypen sollten theoretisch nur darin bestehen, daß ihnen verschiedene Streckenbereiche zusammenhaltender Betonsteifen auf derselben Verdünnungslinie zugehören.

1. Gegeben: z und P; daher nicht nur λ_s, sondern auch λ. Unbekannt: f und Δ. Lösung: Aus der konstanten Verdünnungslinie zu entnehmen für P das zugehörige k; der wirkliche Wasserbedarf $w_x = k \cdot \lambda$ (auch ablesbar aus Abb. 13); der wirkliche Wasserzementfaktor $f_x = \dfrac{w_x}{z} \gtreqless f$ (welches der geforderten Festigkeit entsprechen würde). Der als Materialkonstante bekannte Dichtigkeitsfaktor δ erlaubt die sofortige Angabe des zu erwartenden Dichtigkeitsgrades $\Delta = 100 - \delta \cdot \lambda$

2. Gegeben: f und P; λ_s. Unbekannt: λ und z und Δ. Lösung: Zunächst ist mit einem näherungsweisen z für P das zugehörige k zu entnehmen; zu berechnen die auf der Kornpotenzwaage einzustellende Ablesung $\lambda_f = \dfrac{f}{k}$ für den Wasserzementfaktor f; durch Ausbalanzierung der Waage ergibt sich der Zementanteil z; sollte letzterer wesentlich abweichen, so kann mit dem berichtigten z die genauere Verdünnungslinie der neuerlichen Bestimmung von k aus dem gegebenen P zugrunde gelegt und der Vorgang wiederholt werden, was aber nur selten erforderlich sein dürfte.

Der Wasseranteil $w_x = f \cdot z$; $\lambda = \dfrac{w_x}{k}$ daher $\Delta = 100 - \delta \cdot \lambda$, wobei λ auch unmittelbar auf der Kornpotenzwaage oder aus Abb. 13 abgelesen werden kann (vgl. S. 12).

3. Gegeben: f und Δ; λ_s. Unbekannt λ und z und P. Lösung: $\lambda = \dfrac{100 - \Delta}{\delta}$; auf diese Ablesung wird das dem bloßen Zuschlagstoff entsprechende Laufgewicht der Kornpotenzwaage bei leerer Zementschale eingestellt und die Waage durch allmähliche Gewichtsauflage in der Zementschale und auf das Laufgewicht ausbalanziert; so gelangt man zum Zementanteil z. Der Wasseranteil $w_x = f \cdot z$; die unbekannte Verdünnung ist $k_x = \dfrac{w_x}{\lambda}$ (auch ablesbar aus Abb. 13) und ihre zugehörige Ordinate in der Verdünnungslinie ist der unbekannte Steifegrad P.

Sollte dieser Steifegrad für den Betoneinbau unbrauchbar sein, dann ist zur Erzielung der geforderten Festigkeit und Dichtigkeit eben eine entsprechend geänderte Zuschlagstoffgattung (mit anderem δ und anderer Verdünnungslinie k_x) nötig.

Die vorstehend skizzierte Ermittlung der Angaben für eine zielsichere Betonbildung bietet an sich selbstverständlich noch in keiner Weise Gewähr, daß die Betonbildung auf der Baustelle auch wirklich diesen Angaben genau entspricht. Im Gegenteil, es muß leider festgestellt werden, daß die üblichen Erzeugungsvorgänge selbst auf den meisten Großbaustellen wichtige — wenngleich recht einfache — Voraussetzungen ihrer Durchführbarkeit unerfüllt lassen. Solche Voraussetzungen sind zum mindesten:

a) Die getrennte Gewichtszumessung von gut begrenzten Fein- und Grobkörnungen. Sie müßten aus maschinell eingerichteten Sortieranlagen bezogen und getrennt gelagert werden. Auf ihrem Wege zur

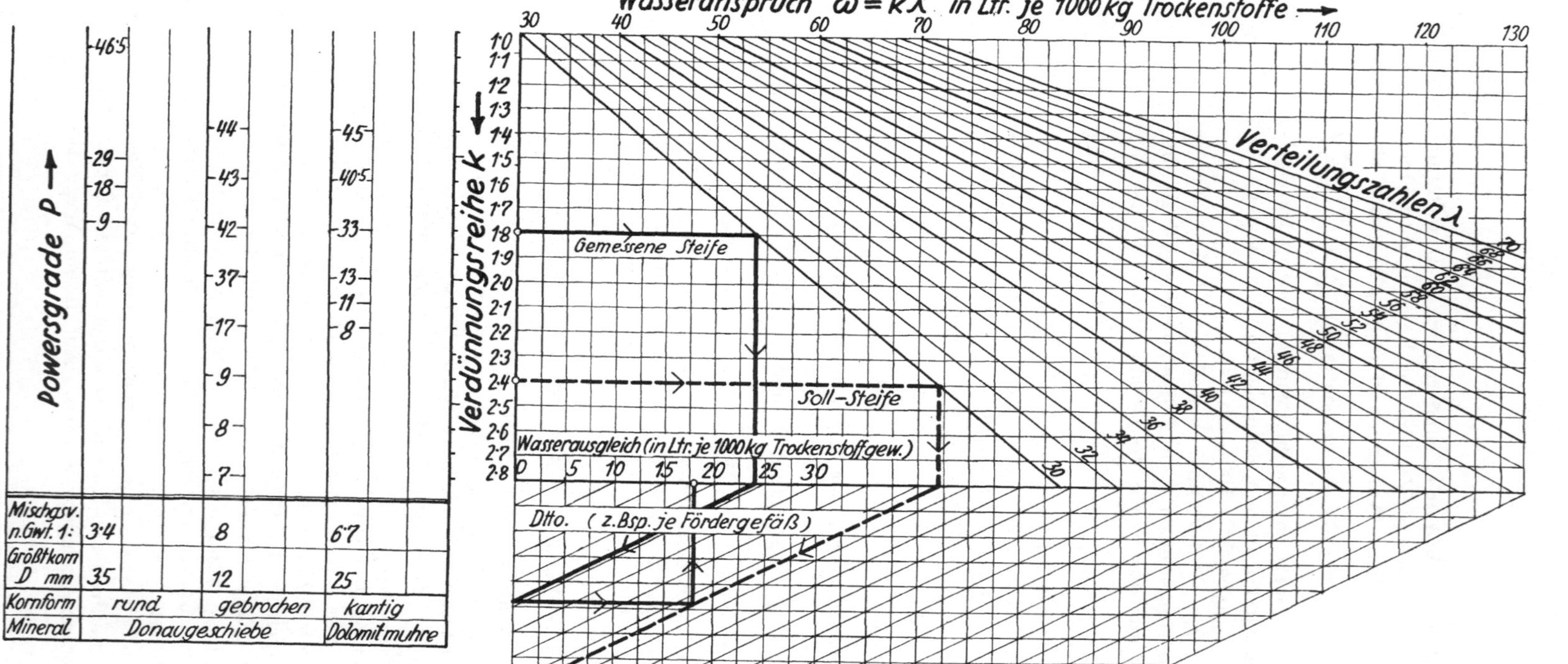

Mischgsv. n.Gwt. 1:	3·4	8	6·7
Größtkorn D mm	35	12	25
Kornform	rund	gebrochen	kantig
Mineral	Donaugeschiebe		Dolomitmuhre

Abb. 13.

Rechentafel für Steifebestimmungen.

In die Spalten der Powersgrade (linke Tafelseite) sind hier Eintragungen nur beispielsweise vorgenommen worden. Sie müssen jeweils nach Stoffgattung, Größtkorn und Mischungsverhältnis einer (analog Abb. 5) vorbereiteten Linientafel entnommen und in Übereinstimmung mit der am Tafelrand bezifferten Verdünnungsreihe k im voraus eingetragen werden. Auch die jeweils gewünschte Betonsteife kann ähnlich dem gestrichelten Linienzug („Soll-Steife") von vornherein eingezeichnet werden. Der Prüfende hat dann allenfalls abweichende Messungsergebnisse am Einbauort (z. B. 42 P statt 9 P) ähnlich dem vollen Linienzug („gemessene Steife")

einzutragen, wodurch er auf der Mittelachse beispielsweise zur Ablesung 18 Liter je 1000 kg Trockenstoff gelangt. Diese Wassermenge ist nun — reduziert auf den Betoninhalt des Fördergefäßes — einem bereitstehenden Kübel mittels Meßgefäßes zu entnehmen und im Fördergefäß einzumischen.

Zur weiteren Erleichterung können die auf die jeweiligen Einzeleinbaumengen des Betons (Fördergefäße oder je m^2 Arbeitsschichte) reduzierten Differenzziffern der Mittelachse gleichfalls von vornherein unter denjenigen der Tafel eingeschrieben werden.

Diese Tafel oberhalb der Mittelachse kann auch ganz allgemein zur Ablesung von Wasseransprüchen ω und Verdünnungen k bei gegebener Verteilungszahl λ benützt werden (vgl. Anhang B, V).

Mischmaschine müßten sie eine entsprechende Zeigerwaage befahren, um auf das vorgeschriebene Sollgewicht abgestimmt zu werden (Abb. 15 und 16).

b) Der Wasserzusatz für die Mischtrommel dürfte nur mittels eines auf maximal 1% genauen Wasserreglers erfolgen, welcher jeweils vom Führerstand aus bequem und sicher einstellbar ist (vgl. Abb. 14). Bei nicht zuverlässig trockenen Zuschlagstoffen müßten fortlaufende Messungen der Eigenfeuchtigkeit gemacht werden, damit letztere vom Wasserzusatz und vom Gewicht des Zuschlagstoffs in Abfall gebracht werden kann.

c) Unmittelbar am Einbauort sind laufende Steifeprüfungen unerläßlich, um die oft unvermeidlich vorangegangenen Wasserverluste messen und ausgleichen zu können (s. Abb. 13). Je nach Art der Verlustquellen wird die Berichtigung bloß fallweise beim Einbau des Betons oder laufend in der Mischwasserregelung vorzunehmen sein.

Zementersparnis, erleichterte Verarbeitbarkeit, Vermeidung aller Schotternester und der Korrosionsgefahren werden den mit diesen Maßnahmen verbundenen geringen Kostenaufwand rechtfertigen.

Die Abb. 15 und 16 zeigen die Baustelle eines sechsgeschossigen Wohn- und Geschäftshauses in Wien mit nur 299 m^2 verbauter Fläche und mit einem gesamten Beton- und Mörtelbedarf von 780 m^3. Die Zementersparnis infolge der Zielsicherheit wurde auf 320 q veranschlagt.

Die durch Vorversuche auf der Kornpotenzwaage erhaltenen Angaben für diese Bauausführung lauteten:

Verwendungszweck und Steifegrad	Verteilungszahl λ (in l/to)	Feinkörnung Begrenzungs-Ø in *mm*	Menge in %	Grobkörnung Begrenzungs-Ø in *mm*	Menge in %	Je m^3 erhärtetem Gemenge Portlandzement in *kg*	Je 1000 *kg* Trockenstoffe Wasser in *l*	Wasser-Zement-Faktor f (n. Gwtln.)	Höchstdichtigkeitsgrad $\triangle$ %	28tägige Würfelfestigkeit in kg/cm^2
Stampfbeton mit 42 *P*..	41	$0.2/3$	34·5	$^{12}/_{50}$	65·5	120	58	0·9	(82; bei 25 P, eingerüttelt)	126
Eisenbeton mit 23 *P*..	43	$0.2/3$	36·4	$^{12}/_{25}$	63·6	220	81·6	0·8	82·5	160
Mauerwerksmörtel mit 1 bis 2 *P*.	73	$0.1/_{1.0}$	65	$^3/_8$	35	200	176	1·7	69·0	68

Dank schulde ich den beiden Körperschaften — dem Österr. Eisenbeton-Ausschuß (Obmann Oberbaurat Dr. Ing. Emperger) und dem Österr. Beton-Verein (Präsident Baurat h. c. Benno Brausewetter) —, welche die Frage der „zielsicheren Betonbildung" seit drei Jahren auf ihre Tagesordnungen gestellt und ihr dadurch den gebührenden Platz unter den wesentlichen Interessen unserer Fachkreise verschafft haben. Ihnen zunächst war es Herr Hofrat Prof. Dr. R. Saliger, welcher mich zur Mitarbeit in den Fragen der Betonzusammensetzung seiner im Vorjahre durchgeführten Trogbalkenversuche heranzog und in Fortsetzung derselben mir erstmals Gelegenheit gab, an der Materialprüfungsanstalt der Techn. Hochschule (Prof. Dr. Rinagl) die wichtigsten Vorversuche (I. und II. Bericht von Zeißl) systematisch durchzuführen. Dabei unter-

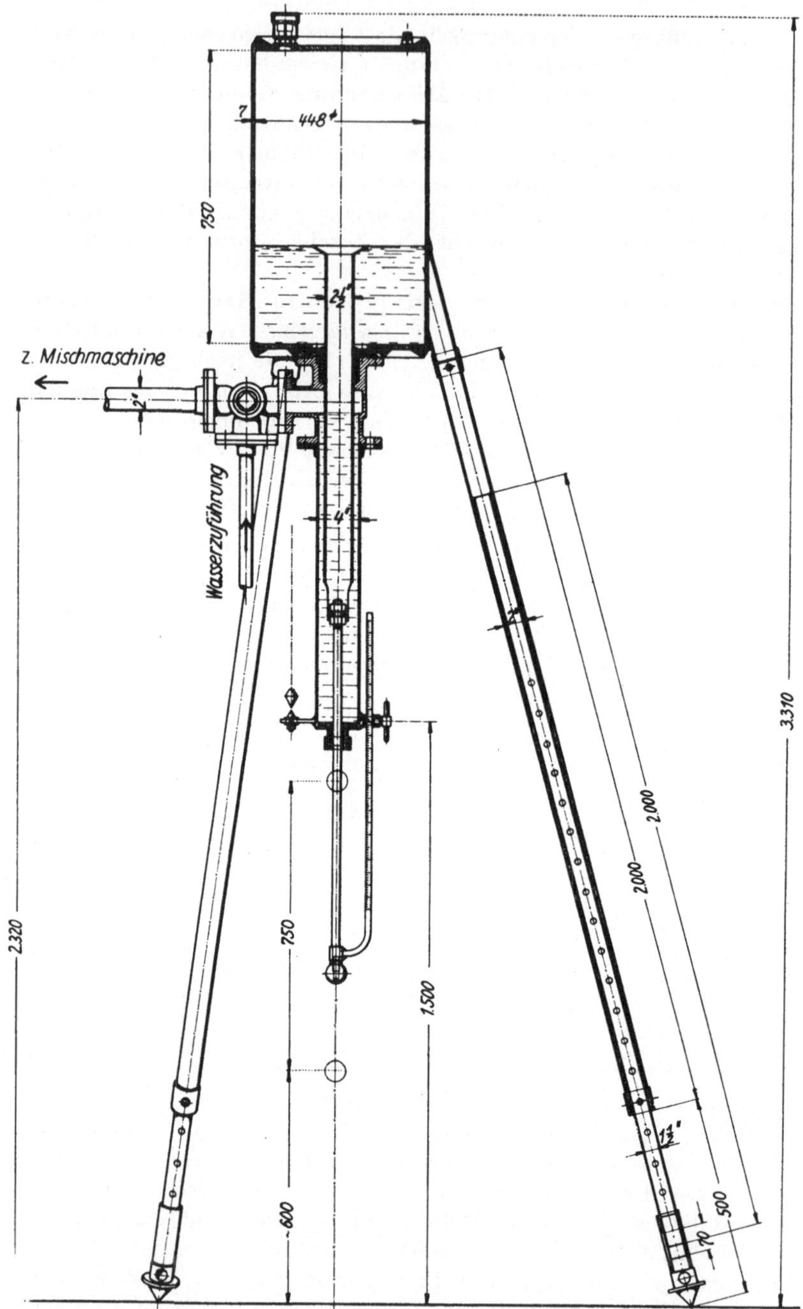

Abb. 14. Ein Genauigkeits-Wasserregler, welcher nächst dem Führerstand der Mischmaschine in deren Zuleitung eingeschaltet wird. Gegen das übliche schwenkbare bietet das auf- und abschiebbare Abzugsrohr folgende Vorzüge: 1. Sicherere Führung und festere Bauart; 2. Unabhängigkeit von der Mischmaschine, daher erschütterungsfrei in wählbarer Höhenlage; 3. Konstanter Einlaufquerschnitt, daher raschere und genauere Wasserentnahme.

...UNGSANLAGE

MV № 1204

SCHNITT C-D

Abb. 15. Planmäßige Einrichtung für zielsichere
Betonbildung einer kleinen Baustelle.

MASSTAB 1:200

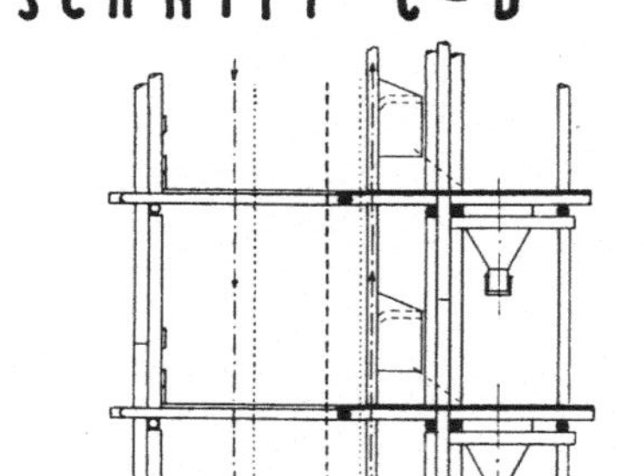

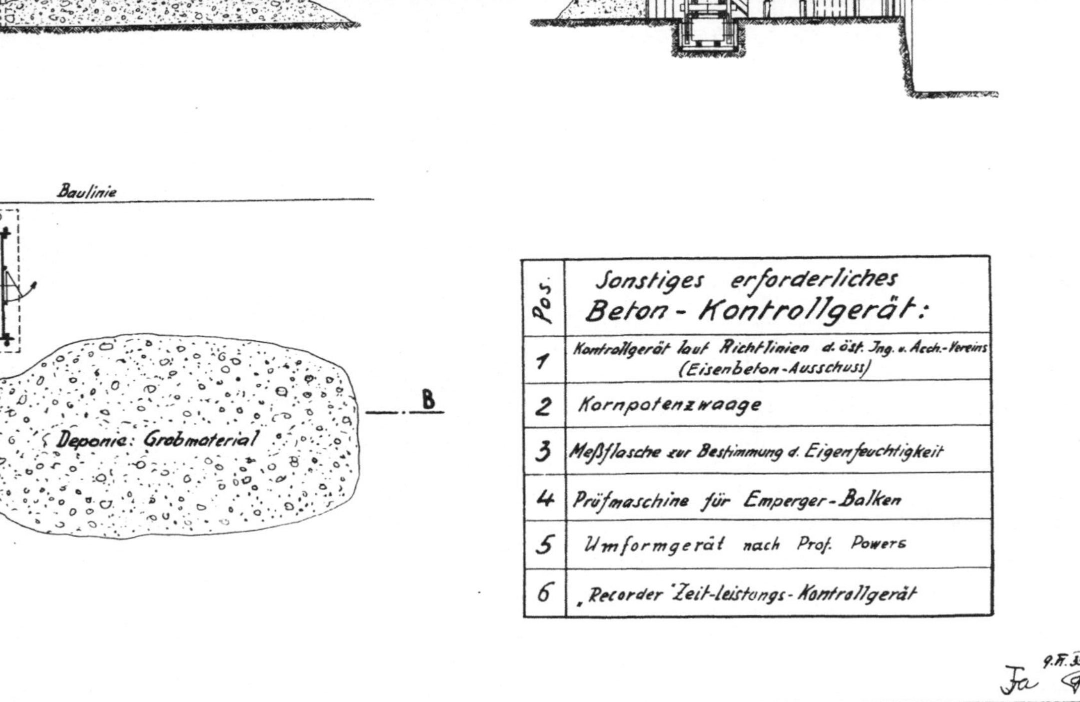

Pos.	Sonstiges erforderliches Beton - Kontrollgerät:
1	Kontrollgerät laut Richt-linien d. öst. Ing. u. Arch.-Vereins (Eisenbeton-Ausschuss)
2	Kornpotenzwaage
3	Meßflasche zur Bestimmung d. Eigenfeuchtigkeit
4	Prüfmaschine für Emperger-Balken
5	Umformgerät nach Prof. Powers
6	„Recorder"Zeit-leistungs-Kontrollgerät

Ja 9.Ⅱ.33

Ziv.-Ing. Ottokar Stern

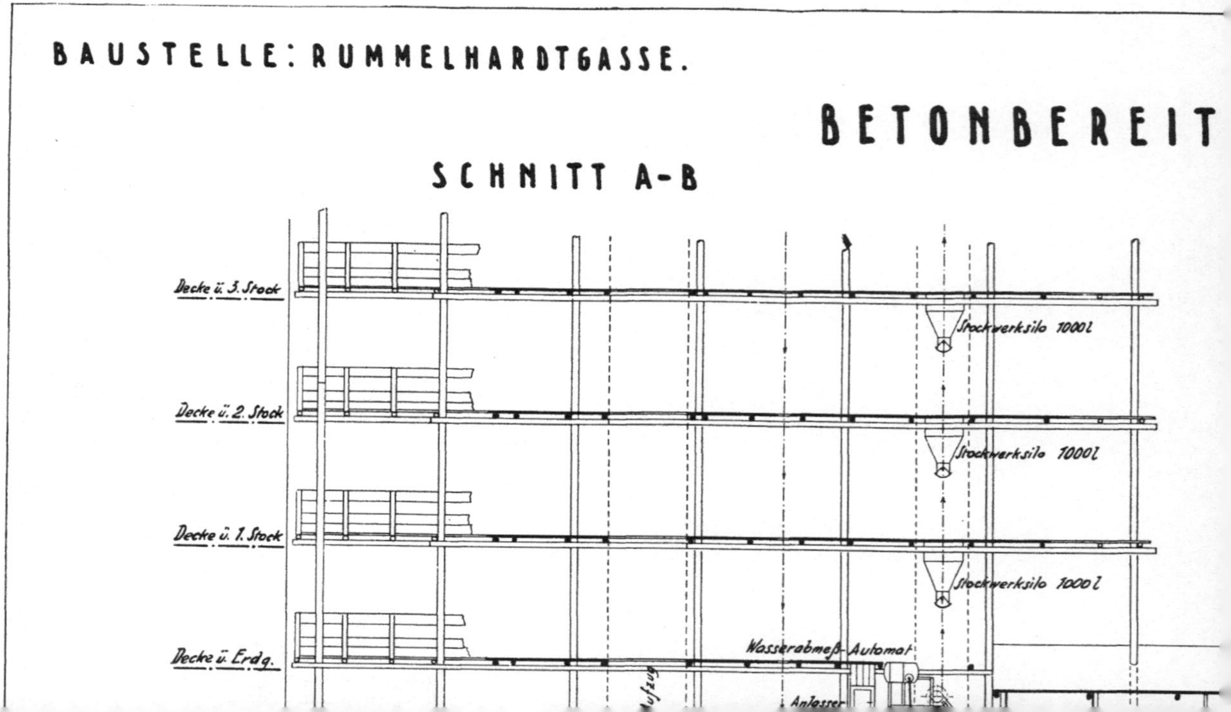

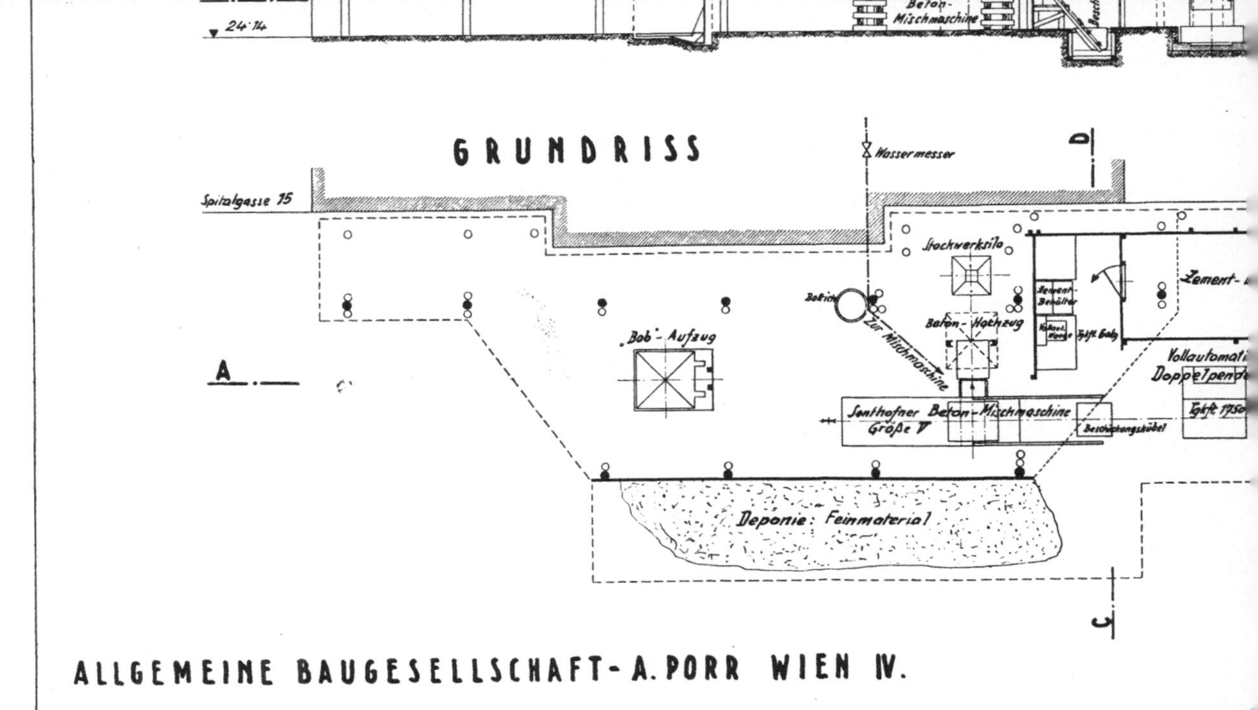
GRUNDRISS
Spitalgasse 15
Wassermesser
24·14
Beton-Mischmaschine
Stockwerksilo
Zement-Behälter
Bottich
Zur Mischmaschine
Beton-Hochzug
Vollautomatische Doppelpendel
Senthofner Beton-Mischmaschine Größe V
Beschickungskübel
"Bob"-Aufzug
Deponie: Feinmaterial
A
C
D
ALLGEMEINE BAUGESELLSCHAFT-A.PORR WIEN IV.

stützten mich die Assistenten der Lehrkanzel S a l i g e r, die Herren Doktor B a r a v a l l e, Dr. E r t l und Dr. B i t t n e r auf das wirksamste.

Ausschlaggebend für die erzielten Ergebnisse war die Förderung, welche der Obmann des Unterausschusses „für zielsichere Betonbildung" Herr Stadtbaurat Ing. Dr. R. T i l l m a n n mir gewährte; sowohl durch seine verständnisvolle Mitwirkung bei den mehrjährigen, zum Teile verwickelten theoretischen Vorstudien als bei der vollständigen Durchführung der im vorliegenden III. Bericht dargestellten Versuchsreihen in der Wiener städtischen Prüfanstalt für Baustoffe unter seiner ständigen richtunggebenden Einflußnahme.

Nicht zuletzt gedenke ich der aufopfernden und erfolgreichen Mitwirkung meiner langjährigen treuen Mitarbeiter, des Herrn Direktors Ing. Ignaz Z e i ß l und seiner Assistenten, der Ing. Theo R i e ß und Ing. Leopold B r a u n. Insbesondere hat mir Ing. Z e i ß l unschätzbare Dienste zur Verfügung gestellt.

Zusammenfassung.

1. Das Wesentliche der zielsicheren Betonbildung ist die richtige Bemessung des W a s s e r z u s a t z e s, welcher die geforderte Einbauweise des Betons zulassen muß und welcher mit der Druck- und Zugfestigkeit auch die andern Güteeigenschaften des erhärteten Betons beeinflußt.

2. Die Beurteilung des Wasserzusatzes verlangt die g e m e i n s a m e Beurteilung der Kornverteilung von Bindemitteln und Zuschlagstoffen durch ihre Korntrennung in Kornstaffeln von stets gleicher und im Bereich der Feinanteile möglichst enger Größenfolge. Die Kennzeichnung der Kornverteilung erfolgt durch ihre V e r t e i l u n g s z a h l. Sie bezeichnet den ideell kleinsten W a s s e r a n s p r u c h der betreffenden Kornverteilung für einen ideellen „Plafond" der Betonsteifen. Sie kann sowohl aus allen Kornstaffeln als auch aus den Ordnungen der Kornpotenzen b e r e c h n e t oder aber aus den Kornstaffeln instrumentell g e m e s s e n werden.

3. Die zeichnerische Darstellung der Kornverteilung ist nur ein veranschaulichender, aber grundsätzlich e n t b e h r l i c h e r Behelf. Allgemeine Anweisungen für die Kornverteilung und das Zementmischungsverhältnis können n i c h t aufgestellt werden.

4. In vielen Belangen vorteilhaft ist die Verwendung von Zuschlagstoffen mit sogenannten A u s f a l l k ö r n u n g e n. Für bloße Mörtelgemenge kann eine Kornverteilung etwa nach der T y p e PG (s. Abb. 12 und „Das Betonwerk", 1933, Heft 21) empfohlen werden, wo die Korngrößen vom Gesamtkorn bis zum 5·5fachen dieser Korngröße fehlen. Für B e t o n g e m e n g e feinerer Körnungen ist etwa die Type Pg mit Ausfall vom Gesamtkorn bis zur 3·9fachen Korngröße, dagegen für gröbere Körnungen etwa die T y p e GA empfehlenswert, wo die Größen von der Kornpotenz $(R_m' + 0·29)$ bis zum 6·5fachen dieser Korngröße fehlen. Auch die jeweilige G e s a m t m e n g e der F e i n k ö r n u n g ergibt sich bei Regelverteilungen mit Ausfallkörnungen als eine ganz bestimmte Funktion der jeweiligen Gesamtkornpotenz (vgl. Abb. 12).

Beispiele:

Ein Mörtelgemenge nach *PG* mit dem Größtkorndurchmesser 8 *mm* hätte die Ausfallkörnung 0·7—4 *mm* und 62·5% Feinsandmenge < ϕ 0·7 *mm*;

ein Betongemenge nach *Pg* mit dem Größtkorndurchmesser 18 *mm* hätte die Ausfallkörnung 2·3—9 *mm* und 52·5% Feinsandmenge < $\emptyset$ 2·3 *mm*;

ein Betongemenge nach *GA* mit dem Größtkorndurchmesser 35 *mm* hätte die Ausfallkörnung 4·3—28 *mm* und 46·7% Sandmenge < $\emptyset$ 4·3 *mm*.

Überall gilt der Zement als Feinstanteil mit dem Kleinstkorn 0·003 *mm*, dem Größtkorn von etwa 0·1 *mm* und demgemäß einem Mengenanteil, welcher sich nach *PG* mit $z = 12·3\%$ des gesamten Trockenstoffgewichtes berechnet, d. h. im Mischungsverhältnis 1 : 7·1 (nach Gewichtsteilen);

einem Mengenanteil, welcher sich nach *Pg* beim Grenzkorn $\emptyset$ 0·21 *mm* mit $z = 10\%$ des gesamten Trockenstoffgewichtes berechnet, d. h. im Mischungsverhältnis 1 : 9 (nach Gewichtsteilen);

einem Mengenanteil, welcher sich nach *GA* beim Grenzkorn ϕ 0·042 *mm* mit $z = 15·4\%$ des gesamten Trockenstoffgewichtes berechnet, d. h. im Mischungsverhältnis 1 : 5·5 (nach Gewichtsteilen).

5. Für jede mineralisch und morphologisch gekennzeichnete Zuschlagstoffgattung gibt es einen **konstanten Dichtigkeitsfaktor** mit Geltung für den Bereich zusammenhaltender Feuchtgemenge von mittlerer Plastizität. Selbst unwesentliche Abweichungen vom Ziffernwert dieses Dichtigkeitsfaktors deuten auf **mangelnden Zusammenhalt der Feuchtgemenge**.

6. Für die Entstehung der verschiedenen **Steifegrade** einer jeden Kornverteilung von bestimmter Stoffgattung (im weiteren Sinne) ist ihr **jeweiliger Undichtigkeitsgrad** maßgebend, da ihm stets auch ein bestimmter „absoluter Wasseranspruch" zugehört (vgl. Tfl. II, Abb. 2).

7. Für jede mineralisch und morphologisch gekennzeichnete Zuschlagstoffgattung kann zu jedem Größtkorn und zu jedem Zementmischungsverhältnis, welche baupraktisch in Betracht kommen, von vornherein eine **Verdünnungslinie** aller Steifegrade mit Zusammenhalt aufgestellt werden. Die Verdünnungslinie ist unabhängig von der sonstigen Kornverteilung (vgl. Abb. 13). Die Erklärung hiefür liegt in der Tatsache, daß unter obigen Voraussetzungen die für die einzelnen Steifegrade nötigen Wasseransprüche in einem **konstanten Verhältnis** zur jeweiligen Verteilungszahl (s. obigen Punkt 2) stehen.

8. Die Steifegrade können mit hinreichender Genauigkeit durch die **Umformungsprobe nach Powers** gemessen werden. Es empfiehlt sich eine Vereinbarung, wonach als größte Rüttelarbeit 40 bestimmte Stöße des Rütteltisches gelten und bei erdfeuchten Gemengen die verbleibende, noch nicht umgeformte Überhöhung in Zentimeter hinzugerechnet wird (Powersgrade).

9. Zur mineralischen Kennzeichnung jeder Zuschlagstoffgattung gehört auch ihr **mittleres Vollraumlitergewicht**, welches mit größerer als bisher üblicher Genauigkeit, u. zw. bis auf zwei Dezimalen genau jeweils zu bestimmen ist. Nur bei solcher Genauigkeit kann es zur Überprüfung des nach Punkt 5 ermittelten Dichtigkeitsgrades und zur Ermittlung der Eigenfeuchtigkeit der Zuschlagstoffe auf kaltem Wege dienen.

10. Die Verteilungszahl — und bei bestimmter Stoffgattung mit ihr auch der jeweilige Wasseranspruch und Höchstdichtigkeitsgrad — von Gemengen, welche einer Regelverteilung folgen — sei dieselbe **stetig oder unstetig** —, erscheint durch die Gesamtkornpotenz eindeutig festgelegt. (Bestätigung, aber auch Begrenzung des Gesetzes des Feinheitsmoduls von Abrams: vgl. Anhang B, IV, Formel 12 u. Fußnote 9.)

11. Die Kenntnis der Baustoffgattung (deren Konstanten γ, k_x, δ; B) und der Kornverteilung (deren Verteilungszahl λ) sowie des Zementgehalts (bezw. des Mischungsverhältnisses nach Gewichtsteilen) ist in allen Fällen hinreichend und notwendig, um für die jeweiligen Steifegrade den zugehörigen Wasserzementfaktor (vgl. Schlußwort, Punkt 3) und den erreichbaren Höchstdichtigkeitsgrad (vgl. Abschnitt F, 1—3) mit entsprechender Schärfe sowie die zu erwartende 28tägige Normwürfeldruckfestigkeit (vgl. Schlußwort, Punkt 5) mit üblichen Streuungen **vorauszusagen** (s. einleitenden Bericht, vierter Absatz, und II. Bericht, S. 20).

Abb. 16. Ansicht der Lagerungen, Wäge- und Mischanlage der Baustoffe gemäß dem Plane auf Tafel IV.

12. Entgegen einem weit verbreiteten Irrtum enthält das Abrams'sche Wasserzementfaktoren-Festigkeitsgesetz trotz seines einfachen Aufbaues **alle** erfaßbaren, maßgebenden Argumente (vgl. Schlußwort, Punkt 5). Gleichwohl darf nicht übersehen werden, daß es den amerikanischen, wesentlich verschiedenen Prüfungsnormen entstammt.

13. Um in den Angaben zur zielsicheren Betonbildung innere Widersprüche zu vermeiden, dürfen nicht mehr als drei Elemente gewählt oder gegeben sein. Die beiden anderen Werte der Betonbildung ergeben sich hieraus zwangsläufig. Als Elemente kommen in Betracht: Die Verteilungszahl des bloßen Zuschlagstoffes und des ganzen Trockengemenges; der Wasserzementfaktor; der Steifegrad des Frischbetons; der Zementanteil; der Dichtigkeitsgrad einer eingerüttelten plastischen Mische.

14. Zur Erzielung bestimmter Güteeigenschaften des erhärteten Betons und zur Innehaltung einer bestimmten einbaufähigen Betonsteife wäre auf Baustellen mit lebenswichtigen Betonbauteilen als Mindestmaß

der Gewährleistung für die richtige Einhaltung zielsicherer Betonangaben zu fordern: Getrennte Gewichtszumessung von gut begrenzten Fein- und Grobkörnungen; bis auf 1% genau geregelter Wasserzusatz unter Berücksichtigung der jeweiligen Eigenfeuchtigkeit; fortlaufende Steifeprüfungen unmittelbar am Einbauort zwecks allfälliger Berichtigung des Steifegrades, letzteres je nach Ursache des Wasserverlustes bloß fallweise oder schon bei der Mischwasserregelung (vgl. Abb. 10 bis 16).

15. Die festgestellten Materialkonstanten der Korngemenge haben folgende Zusammenhänge:

I. Jede **Kornverteilung** einer beliebigen Stoffgattung kann physikalisch gekennzeichnet werden durch ihre „Verteilungszahl", welche angibt, mit welcher ideell-kleinsten Wassermenge in Litern je Tonne sie das gerade noch zusammenhaltende steifste Feuchtgemenge bilden würde, wenn alle ihre Körner ideal glatte Kugeln wären.

II. Die (mineralisch, morphologisch sowie durch Größtkorn und Zementmischungsverhältnis bestimmte) **Stoffgattung** aber kann in jeder beliebigen Kornverteilung durch die Koeffizienten der jeweiligen Verteilungszahl gekennzeichnet werden, weil dieselben sowohl für ihre jeweiligen Steifegrade als auch für ihre jeweiligen Undichtigkeitsgrade **konstante** Werte besitzen:

a) Die Koeffizienten > 1, welche diejenigen Vielfachen der Verteilungszahl ergeben, die den Wasseransprüchen der jeweiligen Steifegrade gleichkommen, heißen die „Verdünnungen" der betreffenden Stoffgattung.

b) Jener Koeffizient < 1, welcher denjenigen Bruchteil der Verteilungszahl darstellt, der dem kleinsten Undichtigkeitsgrad bei mittelplastischem und eingerütteltem Feuchtgemenge gleichkommt, heißt der „Dichtigkeitsfaktor" der betreffenden Stoffgattung.

Die erstgenannte Kennziffer (die Verteilungszahl) kann für jedes zu verwendende Trockengemenge — welcher Stoffgattung immer — entweder berechnet oder mit der Kornpotenzwaage gemessen werden. Die beiden letztgenannten Kennziffern (Koeffizienten der Verteilungszahl) können für jede zu verwendende Stoffgattung nur durch Mischungsversuche, u. zw. mit beliebigen Feuchtgemengen derselben, ermittelt werden, da sie im praktischen Bereich als unabhängig von Kornverteilung und Zementgehalt gelten können. (Messungen mit dem Steifeprüfgerät und mit dem Raummesser sowie mit der Meßflasche.)

Schlußwort des Berichterstatters.

Aus dem In- und Ausland erhielt der Berichterstatter mehrfach die Anregung, Zweck und Sinn der theoretisch und im Versuchswege erhaltenen Ergebnisse an einem praktischen Beispiel zu veranschaulichen, da ohne solche Veranschaulichung nicht recht ersichtlich sei, worin sich die neuen von den üblichen Wegen unterscheiden und welche Vorteile sie bieten. Durch vorliegenden Nachtrag soll versucht werden, diesem Wunsch außerhalb der offiziellen Ausschußberichte zu entsprechen, indem an Hand eines nach den neuen Methoden kürzlich vorbereiteten Betonstraßenbelages in Niederösterreich gewissermaßen die Problemstellung und die weiteren Gedankengänge und Berechnungen für die Zusammensetzung der 5 cm starken Verschleißschichte mit kurzen Erläuterungen dargestellt werden.

Zunächst möge folgende Vorschrift als unabänderlich betrachtet werden: Marchsand bis $\emptyset$ 2 mm und Porphyritsplitt bis $\emptyset$ 25 mm mit einem Perlmooser Handelsportlandzement von guter Mahlfeinheit (Größtkorn etwa 0·1 mm) derart zu verwenden, daß 1 m^3 fertiger Straßenbeton 400 kg dieses Bindemittels enthält.

Die Güteeigenschaften der herzustellenden Verschleißschichte ergeben sich wesentlich aus der Verkehrsbelastung und der Bedingung einer fünfjährigen Gütehaftung.

Dem Ausführenden war es demnach überlassen, innerhalb der vorangeführten Grenzkörner und der wirtschaftlichen Möglichkeiten die Kornfolge so zu beeinflussen, daß der für eine sachgemäße Einbringungsarbeit auf etwa 43 bis 45 P zu bringende Steifegrad mit möglichst geringem Mischwasserzusatz erzielbar ist, dabei aber von vornherein guter Zusammenhalt und höchsterreichbare Dichtigkeit des Frischbetons gewahrt bleiben. Über die Art und Weise der Einbauarbeit und der Nachbehandlung kann im engen Rahmen dieses Schlußwortes nicht gesprochen werden. Die 28tägige 12 cm-Körperdruckfestigkeit sollte mindestens 350 kg/cm^2 betragen.

1. Aufstellung einer unstetigen Regelverteilung.

Aus den offiziellen Versuchsberichten geht hervor, daß vorstehende Forderungen in derlei Gesteinsarten und bei Kornverteilungen mit obigen Grenzkörnern leichter erfüllbar sind, wenn zwischen Fein- und Grobkörnung eine richtig bemessene Korngruppe ausfällt, wenn ferner das Schlußkorn erster Ordnung an der Grenze zwischen der Feinkörnung und der Grobkörnung liegt, wenn überdies die Feinkörnung nicht mehr als etwa 44% des gesamten Trockengemenges beträgt und wenn schließlich das Schlußkorn (—1.) Ordnung an der Grenze zwischen der Feinkörnung und dem Zement liegt. Derlei Kornverteilungen haben trotz verhältnismäßig niedriger Verteilungszahlen doch noch guten Zusammenhalt.

Es liegen also für die Berechnung der Ausfallkörnung und der Verteilungszahl insgesamt folgende Werte vor:

a) Die Zementkörnung und die Zementmenge. Letztere muß zunächst auf den perzentuellen Zementanteil σ_z (vom gesamten Trockengewicht) umgerechnet werden, was nur nach vorläufiger Annahme des Durchschnittsgewichtes von 1 m^3 Vollraum der dreistofflichen Trockenmasse (etwa $1000 \cdot \gamma = 2800 \; kg$) und des Dichtigkeitsgrades der letzteren (etwa $\triangle_x = 0{\cdot}82$) möglich ist.

Das Vielfache, welches alle Angaben je 1000 kg — wie z. B. 10 σ_z — erhöht, um für 1 m^3 fertigen Beton zu gelten, ist stets $[\gamma \cdot \triangle_x]$. (Vgl. S. 50, unten: das trockene Raumgewicht).

$$\sigma_z = \frac{z}{10 \; \gamma \cdot \triangle x} = \frac{400}{28 \times 0{\cdot}82} = \frac{400}{22{\cdot}96} = 17{\cdot}5\%.$$

Die Grenzkörner des Zementes können etwa mit $\varnothing\; 0{\cdot}001 \cdot e$ und $\varnothing\; 0{\cdot}1$ in mm angenommen werden. Ihre Kornmoduln sind daher $r_o = \log e = 0{\cdot}4343$ und $r_z = \log 100 = 2$.

b) Das $\overline{\text{Schluß}}$korn 1. Ordnung $\equiv$ dem größten Feinkorn $\varnothing\; 2 \; mm$. Die Schlußkornpotenz 1. Ordnung ist daher $R_m' = \log 2000 = 3{\cdot}3$.

c) Die Menge der gesamten Feinkörnungen soll laut obigem $\sigma' = 44\%$ sein.

d) Das Größtkorn überhaupt soll $D = \varnothing\; 25 \; mm$ haben. Sein Kornmodul ist $r_D = \log 25.000 = 4{\cdot}398$.

Zwecks Festlegung der gesuchten Regelverteilung sind also noch folgende drei Werte zu berechnen:

$\alpha)$ Der Kornmodul des kleinsten inerten Feinkorns $R_{(')} = \,?$

$\beta)$ Der Kornmodul des kleinsten Grobkornes $r_2 = \,?$ Er folgt sofort aus der Berechnung der unbekannten Kornpotenz 2. Ordnung $R'' = \,?$

$\gamma)$ Die Verteilungszahl des gesamten Trockengemenges $\lambda = \,?$

Diese drei Unbekannten müssen die folgenden drei granulometrischen Grundgleichungen, welche allgemein, also für jede (auch ganz regellose) Kornverteilung gelten, erfüllen:

$$\lambda = 3 \cdot \frac{\sigma_{(')}}{R_{(')}} + 2{\cdot}4 \; \frac{R_{(')}}{R''} \cdot \frac{\sigma'}{R_m'} \cdot \quad (\text{I}) \quad \text{Gleichung der potenzbezogenen}$$
Mengenteilungen.

$$\frac{R'' - R_{(')}}{100} = \frac{R'' - R'_m}{\sigma'} \; . \; \text{(II) Gleichung aller drei Schlußkornpotenzen}$$

(ablesbar aus dem Potenzenstrahl, vgl. Abb. 17 und Anhang A, IV/2, Schlußsatz).

$$\left[R_{(')} - r_0\right]\sigma_{(')} = \left[R'_m - R_{(')}\right] . \left[\sigma' - \sigma_{(')}\right] . \; \text{(III) Gleichung der Feinkorn-}$$
verteilung (ablesbar aus der Kornverteilungslinie, vgl. Abb. 17).

Von den sieben Wertargumenten dieser Grundgleichungen müssen immer vier Größen gegeben und drei Unbekannte berechnet werden. Befindet sich unter den gegebenen Größen auch die Verteilungszahl λ, so ergibt sich eine Gleichung 3. Grades, welche zwei praktisch unverwertbare und eine brauchbare Wurzel hat. In allen anderen Fällen ergeben sich bloß lineare Gleichungen. Dieser Sachverhalt beweist, daß die Verteilungszahl λ (im Gegensatz zum Feinheitsmodul R'_m) jede Kornverteilung eindeutig kennzeichnet.

Entwicklung:

$$\text{Aus (III):} \quad R_{(')} = \frac{R'_m \sigma' - \sigma_{(')} \left(R'_m - r_0\right)}{\sigma'} = R'_m - \left(R'_m - r_0\right)\frac{\sigma_{(')}}{\sigma'} .$$

$$\text{Aus (II):} \quad R'' = \frac{100\, R'_m - R_{(')}\,\sigma'}{100 - \sigma'} = \frac{\left(R'_m - r_0\right)\sigma_{(')} + R'_m\,(100 - \sigma')}{100 - \sigma'} =$$

$$= R'_m + \frac{\sigma_{(')}}{100 - \sigma'}\, \left(R'_m - r_0\right).$$

(Aus der Verteilungslinie, Abb. 17, ablesbar:) $r_2 = 2\,R'' - r_D.$

$$\text{Aus (I):} \quad \lambda = \frac{3\,\sigma_{(')}\,\sigma'}{R'_m\,\sigma' - \left(R'_m - r_0\right)\sigma_{(')}} +$$

$$+ 2 \cdot 4\,\frac{\sigma'}{R'_m} \cdot \frac{R'_m - \left(R'_m - r_0\right)\dfrac{\sigma_{(')}}{\sigma'}}{R'_m + \left(R'_m - r_0\right) \cdot \dfrac{\sigma_{(')}}{100 - \sigma'}} .$$

Ziffermäßige Ausrechnung:

$$r_0 = 0 \cdot 4343 \qquad R'_m = 3 \cdot 3 \qquad \sigma_{(')} = 17 \cdot 5$$
$$r_D = 4 \cdot 398 \qquad \sigma' = 44$$

$$R_{(')} = 3 \cdot 3 - 2 \cdot 866 \cdot \frac{17 \cdot 5}{44} = 3 \cdot 3 - 1 \cdot 14 = 2 \cdot 16; \; \text{daher inertes Feinstkorn:}$$

$$d_{(')} = \frac{10^{2 \cdot 16}}{1000} = 0 \cdot 145 \sim 0 \cdot 15\; mm.$$

$$R'' = 3 \cdot 3 + 2 \cdot 866 \cdot \frac{17 \cdot 5}{56} = 3 \cdot 3 + 0 \cdot 895 = 4 \cdot 195; \; \text{daher}$$

48

$$\underline{r_2} = 8{\cdot}39 - 4{\cdot}398 = 3{\cdot}992 \text{ oder oberes Ausfallgrenzkorn}$$

$$d_2 = \frac{10^{3{\cdot}992}}{1000} = 9.8 \sim \underline{10\ mm.}$$

$$\lambda = \frac{3\,.\,44\,.\,17{\cdot}5}{3{\cdot}3\,.\,44 - 2{\cdot}866\,.\,17{\cdot}5} + 2{\cdot}4\,.\,\frac{44}{3{\cdot}3}\,.\,\frac{2{\cdot}16}{4{\cdot}195} = 24{\cdot}31 + 16{\cdot}49 = \underline{40{\cdot}80.}$$

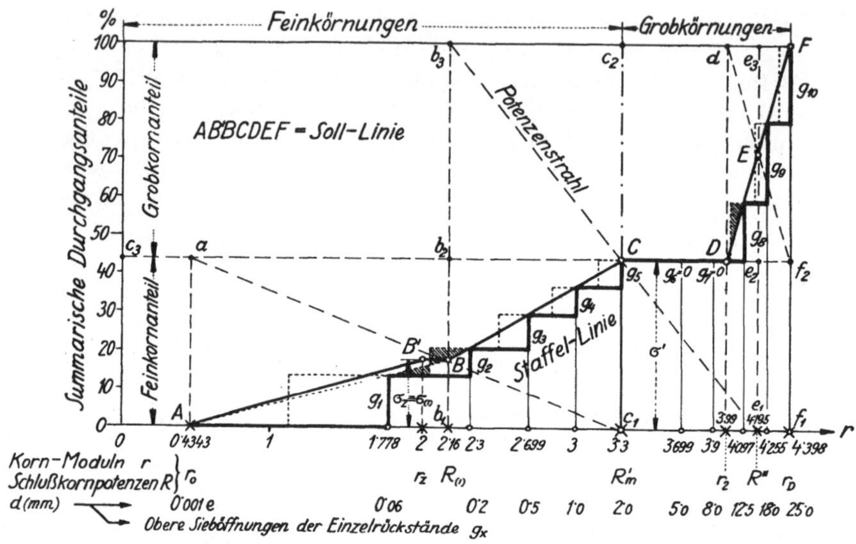

Abb. 17. Zeichnerische Ermittlung der Kornverteilung.

Bei Bestimmung der Verteilungszahl λ „mit Einflußfaktoren" wird [laut Fußnote [1]) auf Seite 9) für die inerten Stoffe die gestrichelte Staffellinie zugrunde gelegt. Die ungleichen, hier geschrafften Dreiecksflächen zeigen jene Abweichungen gegenüber der Berechnung von λ „mit Schlußkornpotenzen" an, welche von mit den Sieböffnungen nicht übereinstimmenden 3 Bruchpunkten der Soll-Linie der Kornverteilung herrühren. (Vgl. Abschnitt E, 1. und 2. Absatz, Seite 32).

2. Erläuterung an Hand der Kornverteilungslinie, Abb. 17.
(Zugleich zeichnerische Lösung der Aufgabe.)

Begriffsgemäß bewirkt die Gesamtkornpotenz R'_m infolge ihrer Lage auf der logarithmischen Abszissenachse die folgende Flächengleichheit: $C\,D\,F\,c_2 = C\,c_1\,A\,B$, daher die Punkte b_3, C, e_1 auf einer Geraden („Potenzenstrahl") liegen;

begriffsgemäß bewirkt die Schlußkornpotenz (—1.) Ordnung $R_{(\prime)}$ infolge ihrer Lage auf der logarithmischen Abszissenachse die folgende Flächengleichheit: $B\,C\,b_2 = B\,b_1\,A$, daher die Punkte a, B, c_1 auf einer Geraden („Feinkornstrahl") liegen;

begriffsgemäß bewirkt die Schlußkornpotenz 2. Ordnung R'' infolge ihrer Lage auf der logarithmischen Abszissenachse die folgende Flächengleichheit: $E\,F\,e_3 = E\,e_2\,D$, daher die Punkte d, E, f_2 auf einer Geraden („Grobkornstrahl") liegen.

Im vorliegenden Fall wurden als gegeben betrachtet das auf den Zement entfallende Dreieck $A\,B'\,2$, ferner der Punkt C, weil seine Abszisse R_m' und seine Ordinate σ' gegeben sind und schließlich der Punkt F mit der bekannten Abszisse r_D und der Ordinate 100%.

Zeichnerisch wird durch die vorliegenden Werte die Gleichung (III) der Feinkornverteilung bestimmt, indem die geradlinige Verbindung der gegebenen Punkte c_1 und a zum Schnitt mit der Waagrechten im Punkte B' in Höhe des Zementmengenanteiles gebracht wird. Dieser Schnittpunkt ist B. Dadurch gewinnt man auch den unbekannten Punkt b_3, dessen geradlinige Verbindung mit dem gegebenen Potenzenpunkt C zum unbekannten Punkt e_1 führt, welcher den Endpunkt der Abszisse R'' darstellt. Nun ist der gegebene Punkt f_2 mit dem Halbierungspunkt der Strecke $e_2\,e_3$, d. h. mit dem Punkt E geradlinig zu verbinden, was in der Verlängerung zum unbekannten Punkt d führt und damit auch den gesuchten Endpunkt D der Ausfallkörnung liefert.

Um nun auch die gesuchte Verteilungszahl λ aus der Zeichnung zu finden, hat man in dieselbe alle jene Ordinaten einzutragen, welche den einzelnen Körnungen entsprechen, die auch auf der Kornpotenzwaage zur Messung der Verteilungszahl dienen. Sie sind hier durch Nullen auf der Abszissenachse und durch volle Ordinatenlinien gekennzeichnet. Die zu den einzelnen Kornmoduln r (vgl. das Beispiel im ersten Versuchsbericht auf S. 9) gehörigen Gewichtsanteile g_x sind durch verstärkt gezeichnete Ordinatenstrecken ersichtlich gemacht. Nun kann die ziffermäßige Berechnung der Verteilungszahl

$$\lambda = \frac{\lessgtr g_x \cdot \left(\dfrac{10}{r_x}\right)^3}{100}$$

erfolgen, da alle g_x und r_x aus der Zeichnung entnommen werden können.

3. Der Wasserzementfaktor für die Verdünnung $k = 1$.
(Kurz: „Plafondfaktor" λ_f).

Gemäß dem ersten Versuchsbericht, S. 10, Zeile 4 von unten ergibt sich derselbe unmittelbar, wenn $x = \lambda_f$, $g_z = 0\ 01\sigma_z$, $w_0 = \lambda$ eingesetzt werden:

$$1000 \cdot \lambda_f = \frac{100\,\lambda}{\sigma_z} \quad \text{oder} \quad \lambda_f = \frac{\lambda}{10 \cdot \sigma_z} = \gamma \cdot \triangle_x \cdot \frac{\lambda}{z} \quad \text{(vgl. S. 46, Punkt } a\text{)},$$

also vorliegendenfalls in Ziffern $\lambda_f = \dfrac{40{\cdot}8}{175} = 0{\cdot}233$.

Für die jeweilige Verdünnung k_x ergibt sich dann als wirklicher Wasserzementfaktor $f = \dfrac{w}{z} = \lambda_f \cdot k_x = 0{\cdot}233 \cdot k_x$ oder allgemein für einen Steifegrad x mit der Undichtigkeit $\delta_x \cdot \lambda$ ein zugehöriger Wasserzementfaktor: $f_x = \gamma\,(100 - \delta_x\,\lambda) \cdot \dfrac{k_x \cdot \lambda}{z}$.

Der Wasserzementfaktor f_x ist also eine Funktion aller Betonargumente und als solche ein treffliches Argument für die Betongüte (vgl. Punkt 5).

4. Die Vorversuche zur Ermittlung der Stoffgattungskonstanten k_x und δ.

a) Mit dem sorgfältig zusammengesetzten Trockengemenge sind durch allmählich gesteigerten Zusatz von Mischwasser gut durchgemischte Feuchtgemenge abnehmender Steifegrade herzustellen und einer aufmerksamen Beobachtung ihres „Zusammenhaltes" zu unterziehen. Vom Augenblick der Erzielung guten Zusammenhaltes angefangen, ist das Feuchtgemenge nach jeder Steigerung des Wasserzusatzes auf seinen Steifegrad mittels des Umformgerätes von Powers zu prüfen. Die zusammengehörigen Grenzwerte der Verdünnung k_x und des Steifegrades P_x sind in ein Schaubild oder in eine Zusammenstellung (wie folgt) einzutragen. Im ersten Falle erhält man die konstante Verdünnungslinie, im zweiten die konstante Verdünnungsreihe der geprüften Stoffgattung. Die jeweils gemessene Wassermenge ist w_x. Aus jedem einzelnen Mischversuch ergibt sich daher $k_x = \dfrac{w_x}{\lambda}$. Vorliegend ergab sich folgende Verdünnungsreihe:

Betonsteife	schwach erdfeucht[1]	erdfeucht	steif plastisch	plastisch	weich plastisch[2]	breiig fließbar	dünnflüssig
Verdünnung k_x..	1·52	1·63	1·74 bis 1·85	2·07	2·17 bis 2·28	un-möglich	un-möglich
Steifegrad P_x..	44	42·5	41—40	30	28—27	—	—

[1] Zugehöriger Wasseranspruch $w_x = 1 \cdot 52 \cdot 40 \cdot 8 = 62\ {}^{l}/_{to.}$ — [2] minder bis nicht zusammenhaltend.

b) Für einen mittelplastischen Steifegrad *(P ∼ 30)* ist nun der Dichtigkeitsgrad in eingerütteltem Zustand zu bestimmen. Hiefür dient entweder der Raummesser (s. S. 11) oder auch eine gewöhnliche Normwürfelform, welche ähnlich wie der Raummesser behandelt werden muß. Bezeichnet man das Gesamtgewicht des Feuchtgemenges mit $(G + w)$, den Mischwert[6] des Vollraumlitergewichtes des Trockengemenges mit γ und den gemessenen Gesamtraum des eingerüttelten Betons mit A, so berechnet sich der Höchstdichtigkeitsgrad mit $\Delta = \dfrac{100}{A}\,\dfrac{G}{\gamma}$ und der konstante Dichtigkeitsfaktor $\delta = \dfrac{100 - \Delta}{\lambda} = \dfrac{100}{A \cdot \lambda}\left(A - \dfrac{G}{\gamma}\right)$.

Die Messungen ergaben vorliegend: $G = 10\ kg$; $\gamma = 2 \cdot 77$; $w = 0 \cdot 73$; $A = 4 \cdot 36$; $\lambda = 40 \cdot 8$; $\Delta = 82 \cdot 5$; $\delta = 0 \cdot 42$.

Statt der hier angenommenen Norm, den Faktor δ der Vergleichbarkeit halber stets auf $P \sim 25$ bis 30 zu beziehen, könnte naturgemäß auch für jeden beliebigen Steifegrad x ein Dichtigkeitsfaktor δ_x bestimmt werden. Das auf die Raumeinheit des Betons einer bestimmten Steife entfallende Trockengewicht ist $\dfrac{G}{A} = \Delta_x \cdot \gamma$ (das Raumgewicht des Trockengemenges), d. i. vorliegend 2·29 kg/l Baustoff für mittelplastischen Beton; daher beträgt dessen Litergewicht samt Wasser 2·46 kg.

5. Vorausberechnung der 20 cm-Würfeldruckfestigkeit nach 28 Tagen.

Sie ist jedenfalls kleiner als die vorgeschriebene zwischen 12/12 *cm* Druckplatten der 12 *cm* starken Probebalken geprüfte Druckfestigkeit, daher diese Überprüfung nur sicherer ausfallen kann. Nach Dr. Tillmanns Zusammenstellung der Verdünnungsabfälle (s. S. 5) wäre $B = 9\cdot5$ anzunehmen, daher lautet das Abrams'sche Wasserzementfaktorenfestigkeitsgesetz für die Betonsteife $\sim 45\ P$, also für eine Verdünnung von $k = 1\cdot52$, d. i. für den Wasserzementfaktor $f = 0\cdot354$:

$$W_{28} = \frac{1000}{9\cdot5^f} = 450\ kg/cm^2.$$

Die höchst einfache Abrams'sche Festigkeitsformel enthält gleichwohl alle maßgebenden Argumente — entgegen dem weit verbreiteten Irrtum — wie sofort ersichtlich wird, wenn sie algebraisch mit dem Zementgütewert B und mit dem Ausdruck für f_x aus obigem Punkt 3 (Schlußsatz) angeschrieben wird.

6. Weitere Vorversuche zur Ermittlung zusammenhaltender Betonbildungen mit **verkleinerten** Verteilungszahlen.

Die hiefür erforderlichen Veränderungen der Kornverteilung erstrecken sich sowohl auf die Verminderung des Zementanteiles als auch auf eine entsprechende Verschiebung der Ausfallkörnung ohne Änderung des Gesamtgrößtkornes und ohne Mengenänderung der gesamten Feinkörnungen. Insbesondere soll die Zementverminderung nur auf technische und nicht auf Ersparungsvorteile abzielen.

Unter Beobachtung aller im ersten Absatz des obigen Punktes 1 angeführten erfahrungsmäßigen Voraussetzungen für den guten Betonzusammenhalt wurden noch zwei Versuchsreihen mit abnehmenden Zementanteilen berechnet u. zw. eine mit $z = 350\ kg/m^3$ und eine mit $z = 330\ kg/m^3$. Im ersten Falle ist $\sigma_z = 15\cdot3\%$, im zweiten Falle $\sigma_z = 14\cdot4\%$.

Demgemäß wurde auch die inerte Feinkörnung etwas gröber gewählt u. zw. bis $\varnothing$ 3 *mm*, daher $R_m' = 3\cdot477$. Das unbekannte inerte Feinstkorn ergab sich im ersten Falle mit $R_{('')} = 2\cdot417$ oder $d_{('')} = 0\cdot26\ mm$; im zweiten Falle mit $R_{('')} = 2\cdot482$ oder $d_{('')} = 0\cdot3\ mm$; der unbekannte obere Grenzmodul der Ausfallkörnung ergab sich im ersten Falle mit $r_2 = 4\cdot218$ oder $d_2 = 16\cdot5\ mm$; im zweiten Falle mit $r_2 = 4\cdot122$ oder $d_2 = 13\ mm$; die unbekannte Verteilungszahl ergab sich im ersten Falle mit $\lambda = 36$; im zweiten Falle mit $\lambda = 35$; der Plafondfaktor ergab sich im ersten Falle mit $\lambda_f = 0\cdot235$; im zweiten Falle mit $\lambda_f = 0\cdot243$; die 28tägige Normwürfeldruckfestigkeit berechnet sich im ersten Falle mit $W_{28} = 447\ kg/cm^2$; im zweiten Falle mit $W_{28} = 436\ kg/cm^2$.

Die vorstehenden Ergebnisse begründen den Vorschlag, im vorliegenden Falle die Verschleißschichte nur mit 330 *kg* Zement je Kubikmeter fertigen Beton und mit einer Ausfallkörnung von 3 bis 13 *mm* sowie mit 44% feinen und 56% Grobkörnungen zu bilden und den Steifegrad von 43 bis 45 P durch einen Wassergehalt von $53\cdot2\ l$ je 1000 *kg* Trockenstoffe — unter Einbeziehung der jeweiligen Eigenfeuchte des Sandes —

nebst einem Höchstdichtigkeitsgrad (bei $P = 30$) von $85^0/_0$ zuverlässig innezuhalten.

Die Versuche bewiesen die vorzügliche Einbau- und Stampfbarkeit eines solchen Frischbetons.

Der Zweck dieses Schlußwortes ist erfüllt, wenn es ihm gelingt, zu zeigen, daß von überaus einfacher, streng begründeter Theorie beherrschte Vorversuche und Baumaßnahmen auch in der Betonbildung jene Übereinstimmung zwischen Voraussage und Tatsache allgemein herbeiführen können, die allein es vermag, sie zur technischen Wissenschaft zu erheben.

Anhang A.

Grundsätzliches der potentiellen Kornverteilungen.

Die Vorteile, welche die im vorangehenden dargestellten Erkenntnisse des österr. UABb für die Betonbildung zu bieten vermögen, können unter den mannigfaltigen in der Baupraxis auftretenden Umständen nur dann voll und richtig ausgewertet werden, wenn ihre Handhabung nicht schematisch, sondern in genauer Kenntnis der potentiellen Kornverteilungslehre erfolgt. Das Studium der letzteren dürfte wesentlich erleichtert sein, wenn ihre Grundlagen in einer kurzen Übersicht zusammengefaßt und hiebei tunlichst vereinheitlicht werden, was um so mehr not tut, als die Einzelheiten dieser Lehre im Laufe längerer Zeit und nur schrittweise zustande kamen, daher in Zeitschriften und Broschüren verstreut und ohne den nötigen Zusammenhang zur Veröffentlichung gelangten.

Aus diesen Gründen glaubt der Herausgeber tiefer schürfenden Lesern auch noch etwas Theorie zumuten zu dürfen.

I. Grundbegriffe.

1. „Kornmodul" = Differenz der Logarithmen der Einzelkorngröße (d) und des Ausgangsgliedes (a) für die Basis des Reihenfaktors (b) der jeweils gewählten geometrischen Maßreihe:

$$\log_{(b)} d - \log_{(b)} a = m_d;$$

hier ist d = Einzelkorndurchmesser.

Als geometrische Maßreihe erscheint hier die folgende:
$$a, \quad a \cdot b, \quad a \cdot b^2, \quad a \cdot b^3, \ldots \left(d = a \cdot b^m\right) \ldots a \cdot b^n.$$
Der Kornmodul (m) besorgt also die Einreihung des betreffenden Einzelkorndurchmessers in die gewählte geometrische Maßreihe.

2. „Kornpotenz" = arithmetisches Mittel verschiedener zu x einzelnen, nach Korngrößen — sonst aber beliebig — zusammengefaßten (gruppierten) Vollraumeinheiten gehörigen Kornmoduln:

$$\log_{(b)} d_x - \log_{(b)} a = \frac{x_1 m_1 + x_2 m_2 + \ldots x_n m_x}{\leqq x} = m \Big]_1^x.$$

Hier hätten z. B. x_n Vollraumeinheiten den gleichen Kornmodul m_x, und es ist d_x = Gruppenkorngröße.

3. „Schlußkornpotenz" = arithmetisches Mittel von n aufeinanderfolgenden Kornpotenzen eines (entweder nach unten oder nach oben) jeweils bestimmt begrenzten Gemengeteiles:

$$\log_{(b)} d_n - \log_{(b)} a = \frac{m_{x_1} + m_{x_2} + \ldots m_{xn}}{n} = R\Big]_1^n;$$

hier ist $d_n =$ Schlußkorngröße eines bestimmten Gemengeteiles.

4. „Gesamtkornpotenz" = Schlußkornpotenz des ganzen g Vollraumeinheiten umfassenden Gemenges:

$$\log_{(b)} d_m - \log_{(b)} a = \frac{m_{x_1} + m_{x_2} + \ldots m_{xg}}{g} = R_m;$$

hier ist $d_m =$ Gesamtkorngröße des Gemenges.

5. Die „Ordnung" (φ) eines Gemengeteiles, bezw. seiner Schlußkornpotenz wird angegeben, um die (S. 55 „zu 3" erwähnte) veränderliche obere Begrenzung der bezüglichen Feinerkörnungen $< d_m$, bezw. die veränderliche untere Begrenzung der bezüglichen Gröberkörnungen $> d_m$ methodisch festzulegen.

Zu diesem Zwecke soll übereingekommen werden, die Gesamtkornpotenz R_m eines Gemenges als dessen „Ordnung 0" zu erklären (in den Versuchsberichten noch als Ordnung 1 benannt). Dann bildet das Feinergemenge, welches vom Kleinstkorn bis zum Gesamtkorn d_m reicht, den Gemengeteil von der Ordnung (— 1); jenes Feinergemenge, welches vom Kleinstkorn nur bis zum Schlußkorn $d_{(')}$ des Gemengeteiles von der Ordnung (— 1) reicht, bildet die Ordnung (— 2); usw.

Anderseits bildet das Gröbergemenge, welches vom Gesamtkorn d_m bis zum Größtkorn D des ganzen Gemenges reicht, den Gemengeteil von der Ordnung 1 (bisher als 2 benannt); das Gröbergemenge, welches aber nur vom Schlußkorn d' des Gemengeteiles von der Ordnung 1 bis zum Größtkorn des ganzen Gemenges reicht, bildet den Gemengeteil von der Ordnung 2 (bisher als 3 benannt); usw.

Auf diese Weise würde dem Kleinstkorn d_o des ganzen Gemenges immer die Ordnung — ∞ und dem Größtkorn D immer die Ordnung + ∞ zukommen.

Die summarische Erfassung der Feststoffverteilung im Gemenge durch den Grundbegriff der „Gesamtkornpotenz" (des Feinheitsmoduls) ergänzt der Ordnungsbegriff durch eine bestimmte Art der Bildung von Gemengeteilen und ihrer Kennzeichnung durch ihre resultierende oder Schlußkornpotenz. Beide Angaben zusammen sind geeignet, das Gemenge eindeutig zu kennzeichnen (vgl. Abschnitt IV).

6. Die Differenz zweier Kornmoduln heißt „Modulabstand" der betreffenden Körner und ist gleichbedeutend mit dem Logarithmus des betreffenden Kornfaktors $\dfrac{d_1}{d_2}$; es ist also der Modulabstand $r_1 - r_2 = \log \dfrac{d_1}{d_2}$.

Die nähere Bezeichnung richtet sich immer nach dem zu subtrahierenden Kornmodul; z. B. ist $\log \dfrac{d_x}{d_m}$ der „Gesamtmodulabstand der

Korngröße d_x"; $\log \dfrac{d_o}{d_m}$ der "Gesamtmodulabstand des Kleinstkorns d_o";

$\log \dfrac{d_x}{D}$ der "Größtmodulabstand der Korngröße d_x"; $\log \dfrac{d_o}{D}$ der "negative

Endmodulabstand", d. h. der Größtmodulabstand des Kleinstkorns d_o;

$\log \dfrac{d_m}{D}$ der "negative Hauptmodulabstand", d. h. der Größtmodul-

abstand des Gesamtkorns d_m; $\log \dfrac{D}{d_m}$ der "positive Hauptmodulabstand",

d. h. der Gesamtmodulabstand des Größtkorns D.

II. Bemerkungen zu den Grundbegriffen.

Zu 1. Der einzelne "Kornmodul" ist nur eine relative Längenangabe des Korndurchmessers, allerdings nach dem System der geometrischen Maßreihen. Wird als Reihenfaktor irgendeine Potenz der natürlichen Grundzahl $e = 2\cdot718 \ldots$ gewählt, so ergeben sich natürliche Logarithmen als Kornmodul. Gewöhnlich sind aber Ausgangsglied und Reihenfaktor irgendwelche Potenzen von 10, daher die Kornmodul (auch echte oder gemischte Brüche) dekadische Logarithmen sind. Aus den natürlichen erhält man die dekadischen Kornmodul bekanntlich durch Multiplikation mit $M = \log e = 0\cdot4343$. Die international genormten "Siebmodul" sind gleich den zehnfachen dekadischen Kornmodul für die Längeneinheit (μ) als Reihenausgangsglied (Önorm B 3109 und B 3110).

Zu 2. Eine beliebige "Kornpotenz" enthält aber auch schon eine gewisse Bewertung der Vollraumverteilung eines Korngemenges auf die verschiedenen Kornmodul, eigentlich also auf die Korndurchmesser (Korngrößen).

Zu 3. In der "Schlußkornpotenz" wird diese unter 2 angeführte Bewertung der Vollraumverteilung angewendet auf nach unten oder nach oben bestimmt begrenzte Teile eines gegebenen Gemenges.

Nach unten bildet das Kleinstkorn, aber in anderen Fällen nach oben das Größtkorn des Gesamtgemenges grundsätzlich die bestimmte Begrenzung der einzelnen Gemengteile. In der ersterwähnten Weise werden die sogenannten "Feinerkörnungen" $< d_m$, in der zweiterwähnten Weise die sogenannten "Gröberkörnungen" $> d_m$ begrenzt. Die Ausdehnung der ersteren hängt also ab von ihrer oberen Begrenzung, jene der letzteren von ihrer unteren Begrenzung. Äußerstenfalls kann diese obere, bezw. untere Begrenzung durch das sogenannte "Gesamtkorn" d_m des Gemenges gebildet werden.

Zu 4. Die "Gesamtkornpotenz" R_m bildet zugleich den Kornmodul eines bestimmten Einzelkornes, welches für die Kennzeichnung des Gesamtgemenges besondere Bedeutung hat, weshalb es das "Gesamtkorn" heißt. Der Durchmesser d_m des Gesamtkorns scheidet für das gegebene Gesamtgemenge die beiden Begriffe: Feiner- und Gröberkörnungen. Diese

Scheidung heißt die „Kornteilung" des Gemenges durch das Gesamtkorn.

Mathematisch ist die „Gesamtkornpotenz" (der Feinheitsmodul) der (auf den Reihenfaktor einer wählbaren zugrunde zu legenden geometrischen Maßreihe als Basis bezogene) Logarithmus des geometrischen Mittels aller den einzelnen Vollraumeinheiten des Gemenges zugehörigen Korngrößen, vermindert um den gleichartigen Logarithmus des Reihenanfangsgliedes („Sparwirtschaft", Wien 1932, Heft 4, S. 126: „Kornpotenz loser Haufwerke", A, 2.—6.).

Zu 5. Die Ordnungen aller **parabolischen** Kornverteilungen weisen ungemein vereinfachende Gesetzmäßigkeiten auf und führen auch zum Begriff der Zuordnung von Parabeln und logarithmischen Geraden (vgl. den folgenden Abschnitt IIl).

Aber auch für die Festlegung **regelloser** Kornverteilungen bietet der Begriff der Ordnungen einen methodischen Behelf (vgl. Abschnitt IV, Punkt 1). Von praktischer Bedeutung sind hier wohl nur die Gesamtkornpotenz R_m (Ordnung 0) und die Schlußkornpotenzen (— 1.) und 1. Ordnung $(R_{(')}$ und $R')$. Da aber durch sie — nebst der „zu 3" angeführten Bewertung bestimmter Vollraumverteilungen auf gewisse Gemengeteile — nur drei Abszissenpunkte festgelegt erscheinen, so bedarf es noch der Kenntnis der zugehörigen Ordinatenwerte y. Letztere bedeuten nichts anderes als die Mengen der jeweiligen Feinerkörnungen, also die sogenannten „Feinermengen" der bezüglichen Schlußkornpotenzen. [Durch sie ergibt sich jeweils eine bestimmte kennzeichnende „Mengenteilung" $y_x^{0/0} : (100 - y_x)]$.

Zu 6. In jedem beliebigen Größenbereich stellen sich gleiche Kornfaktoren $\left(\dfrac{d_1}{d_2}\right)$ naturgemäß stets auch als gleiche Modulabstände (d. s. gleiche Abszissenstrecken) dar.

III. Die Systeme der parabolischen Kornverteilungen.

1. Numerische und logarithmische Darstellungsweise.

Betrachtet man die jeweiligen Größtkornfaktoren $\dfrac{d}{D}$ als Abszissen und die zugehörigen Feinermengen y_P als Ordinaten, so stellt sich als einfachste und allgemeinste Beziehung dieser Koordinaten das Parabelsystem aller Grade von $0 < \dfrac{1}{n} < \infty$ dar:

$$y_P^{\frac{1}{n}} = \frac{d}{D};$$

es ist dies die numerische Darstellung des Parabelsystems im sogenannten Koordinatenquadrat (s. die stark ausgezogenen Felder der Abb. 18 und 19):[7]

---

[7] Das Koordinatenquadrat mit Abszissen $0 \leqq \dfrac{d}{D} \leqq 1$ (Größtkornfaktoren) und mit Ordinaten $0 \leqq y \leqq 1$ (Feinermengen) läßt die einheitliche Darstellung aller stetigen Kornverteilungen zu, weil diese Darstellung von absoluten Korngrößen unabhängig ist.

Vgl. Abb. 18 für die Parabeln aller Grade $\dfrac{1}{n} = \dfrac{1}{m}$

$$\begin{cases} y_P = 0 \ \text{für} \ \dfrac{d}{D} = 0. \\[2ex] y_P = 1 \ \text{für} \ \dfrac{d}{D} = 1. \end{cases}$$

Wenn aber als Abszissen des Parabelsystemes die jeweiligen ,,Größtmodulabstände'' $\log \dfrac{d}{D}$ gewählt, die Ordinaten gleichwohl unverändert belassen werden (vgl. Abb. 19), dann geht dieselbe Kurvengleichung unmittelbar in folgende Form über:

$$y_P^{\tfrac{1}{n}} = 10^{\log \tfrac{d}{D}};$$

es ist dies die Darstellung parabolisch-logarithmischer Linien

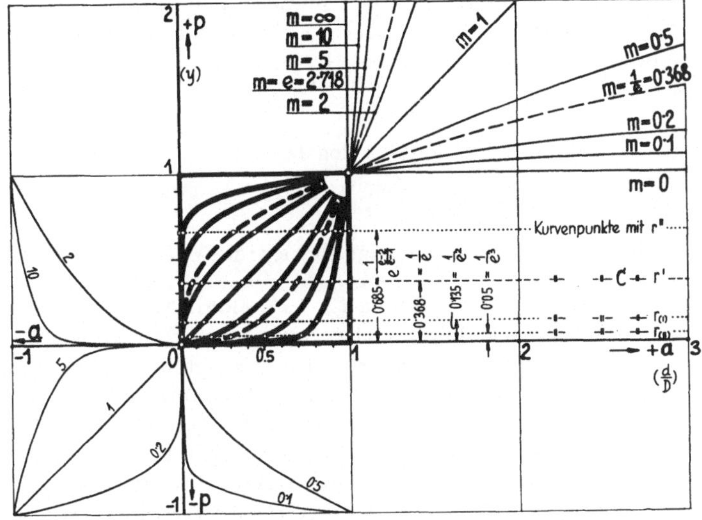

Abb. 18. Das Koordinatenquadrat mit numerischen Parabeln: $y_P = \left(\dfrac{d}{D}\right)^m$.

für die Logarithmenbasis $10 = e^{\tfrac{1}{M}}$, wo $M = \log e = 0\cdot4343$ ist ($e = 10^M$), so daß sie auch in folgenden Formen geschrieben werden kann:

$$y_P = e^{\tfrac{n}{M} \cdot \log \tfrac{d}{D}} \ \text{oder} \ y_P^{\tfrac{M}{n}} = \left(\dfrac{1}{e}\right)^{\log \tfrac{D}{d}}.$$

Die linke Seite der letzten Gleichung bildet eine parabolische, die rechte eine logarithmische Funktion.

2. Gesetz der gleichen Mengenteilungen.

Hieraus ist sofort die bedeutungsvolle Eigenschaft aller parabolisch-logarithmischen Linien (vgl. Abb. 20) erkennbar, wonach die Feinermengen

y_P stets als jene Potenz der reziproken natürlichen Grundzahl $\left[\dfrac{1}{e}\right]$ erscheinen, welche den positiven Größtmodulabstand $\left[\log\dfrac{D}{d}\right]$ als Vielfaches des dekadisch reduzierten Parabelgrades $\left[\dfrac{M}{n}\right]$ angibt. Denn für

$$\log\frac{D}{d} = x\cdot\frac{M}{n}$$

ergibt sich $y_P = \left(\dfrac{1}{e}\right)^x = e^{-x}$; $x = -\ln y_P$ (vgl. Punkt 4 und 7). x ist die um 1 absolut vermehrte „Ordnung" $\varphi_{Pf} = (x-1) < 0$ der Feinerkörnung $< d_m$ vom Mengenanteil y_P.

Durch bloße Logarithmierung der numerischen Parabelgleichung erkennt man ferner, daß für ein bestimmtes G r ö ß t k o r n jedem beliebigen Punkt des Koordinatenfeldes *(d, y_P)* eine bestimmte Parabel entspricht, u. zw. vom Grade:

$$\frac{1}{n} = \frac{\log d - \log D}{\log y_P}$$

$\dfrac{M}{n}$ kann sinngemäß als die jeweilige d e k a d i s c h e P a r a b e l e i n h e i t bezeichnet werden, so daß **die Ordnung ($x-1$) eine Anzahl von ($x-1$) solcher Parabeleinheiten bedeutet,** welche dem „Gesamtmodulabstand" des betreffenden Schlußkorns gleich ist. Im gesamten Parabelsystem gibt also unmittelbar der n e g a t i v e n a t ü r l i c h e L o g a r i t h m u s i r g e n d - e i n e r F e i n e r m e n g e j e n e A n z a h l dekadischer Parabeleinheiten an, welche den zugehörigen p o s i t i v e n „Größtmodulabstand", also den betreffenden Abszissenpunkt, liefert. Zu j e d e m A b s z i s s e n p u n k t gehört also für jede Feinermenge (für j e d e M e n g e n t e i l u n g) eine bestimmte Parabeleinheit (P a r a b e l g r a d), daher auch eine bestimmte G e s a m t - k o r n p o t e n z.

3. J e d e m H a u p t m o d u l a b s t a n d entspricht ein bestimmter Parabelgrad.

Außer der durch Einfachheit ausgezeichneten Systemeigenschaft gemäß 2 besteht aber noch eine ebenso wichtige und einfache System- eigenschaft. Wenn die zeichnerische Darstellung der parabolisch-logarith- mischen Kornverteilungen mit u n v e r z e r r t e n K o o r d i n a t e n geschieht (d. h., wenn die logarithmische Abszisseneinheit (log 10) auch zur Dar- stellung der G e s a m t m e n g e — Ordinate 1 — verwendet wird), so ist in allen parabolisch-logarithmischen Kornverteilungen die sogenannte

„D u r c h g a n g s f l ä c h e" F_d bis zu einem beliebigen Modulabstand $\left[\log\dfrac{d}{D}\right]$

gegeben durch das Rechteck aus der dekadischen Parabeleinheit $\left[\dfrac{M}{n}\right]$ als Basis und der zugehörigen Feinermenge y_P als Höhe.

$$F_d = \frac{M}{n} \cdot y_P = \frac{M}{n} \cdot e^{-x}\,.$$

Hieraus folgt, daß die **gesamte** Durchgangsfläche (d. h. bis $y_P = 1$)

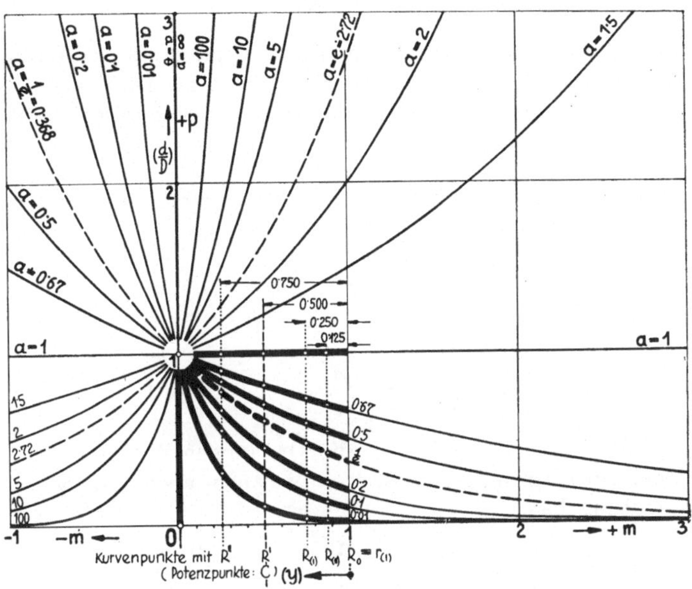

Abb. 19. Darstellung der Parabeln als logarithmische Linien, wenn die Abszissen $+ m = - \log \dfrac{d}{D}$ und die Ordinaten $+ p = y_P$ gesetzt werden. Die jeweilige Log-arithmenbasis bildet $a = \dfrac{d_0}{D} = 10^{-2\frac{M}{n}}$, der „Endkornfaktor" (vgl. Punkt 5).

für alle Parabelgrade gleich ist der jeweiligen dekadischen Parabeleinheit:

$$F_D = \frac{M}{n}\,.$$

Gemäß dem Begriff der Gesamtkornpotenz, welche ganz allgemein für alle Kornverteilungen durch den positiven Hauptmodulabstand $\left[\log \dfrac{D}{d_m}\right]$, mit anderen Worten durch die gesamte Durchgangsfläche (deren Höhe stets die Gesamtmenge 1 bildet), festgelegt erscheint, ist die Gesamt-kornpotenz aller Kornverteilungen unmittelbar gegeben als die Differenz des Größtkornmoduls und der gesamten Durchgangsfläche, bezw. der dekadischen Parabeleinheit (Ordnung $\varphi = x - 1 = 0$):

$$R_{mP} = r_D - \frac{M}{n}$$

oder auch: Der positive Hauptmodulabstand ist bei Parabeln aller Grade unmittelbar die **dekadische Parabeleinheit,** d. i. die gesamte Durchgangsfläche:

$$r_D - R_{mP} = \frac{M}{n} = F_D \,.$$

4. Die Ordnungen der Schlußkornpotenzen und die Parabeleinheiten (Abb. 20).

Gemäß dem Ordnungsbegriff ergeben sich dann alle Ordnungen der unter d_m liegenden Feinerkörnungen $\varphi_{Pf} < 0$ als Differenzen der Gesamtkornpotenz R_{mP} und aufeinanderfolgender dekadischer Parabeleinheiten, z. B.:

$$\varphi_{Pf} = -1 \text{ bei } R_{(')} = R_{mP} - \frac{M}{n} = r_D - 2 \cdot \frac{M}{n}$$

$$\varphi_{Pf} = -2 \text{ bei } R_{('')} = R_{mP} - 2 \cdot \frac{M}{n} = r_D - 3 \cdot \frac{M}{n}$$

usf.

$$\varphi_{Pf} = -x \text{ bei } R_{(x)} = R_{mP} - x \cdot \frac{M}{n} = r_D - (x+1) \cdot \frac{M}{n} \,.$$

Nicht so rhythmisch einfach erscheinen die Ordnungen der ober d_m liegenden Gröberkörnungen $\varphi_{Pg} > 0$, von welchen aber nur $\varphi_{Pg} = 1$ praktische Bedeutung hat.

$$\varphi_{Pg} = +1 \text{ bei } R' = R_{mP} + \frac{1}{e} \cdot \frac{M}{n} = r_D - \frac{M}{n}\left(1 - \frac{1}{e}\right).$$

$$\varphi_{Pg} = +2 \text{ bei } R'' = R_{mP} + \frac{1}{e^{\left(1-\frac{1}{e}\right)}} \cdot \frac{M}{n}$$

usf.

$$\varphi_{Pg} = +(x+1) \text{ bei } R^{(\varphi)} = R_{mP} + \frac{1}{e^{\left(1-\frac{x}{e x}\right)}} \cdot \frac{M}{n} \,.$$

Der algebraische Wert des Gliedes mit $\dfrac{M}{n}$ gibt immer für die betreffende Schlußkornpotenz den „Gesamtmodulabstand" $\left[\log \dfrac{d_x}{d_m}\right]$, bezw. den „Größtmodulabstand" $\left[\log \dfrac{d_x}{D}\right]$ unmittelbar an. Für die Feinerkörnungen $\emptyset < d_m$ gibt daher (wie schon im Punkt 2 erkannt wurde) die jeweilige Ordnungszahl φ_{Pf} auch zugleich die Anzahl der dekadischen Parabeleinheiten an, welche den **Gesamtmodulabstand** bilden. Die Ordnungszahl $\varphi_{Pf} < 0$ eines vom Kleinstkorn ausgehenden Gemengeteiles parabolischer Kornverteilungen ist zugleich der natürliche Logarithmus des betreffenden Anteils an der Gesamtmenge (s. Punkt 7).

Für die Gröberkörnungen $\emptyset > d_m$ liefert die um 1 verminderte Ordnungszahl $\varphi_{Pg} > 0$ nur mittelbar jene negative Potenz der natürlichen Grundzahl e, welche die eben erwähnte Anzahl der Parabeleinheiten angibt.

Sie beträgt $e^{\left(\frac{x}{e^x}-1\right)}$, wenn $x = (\varphi_{Pg} - 1)$ bedeutet. Z. B.: der Ordnung

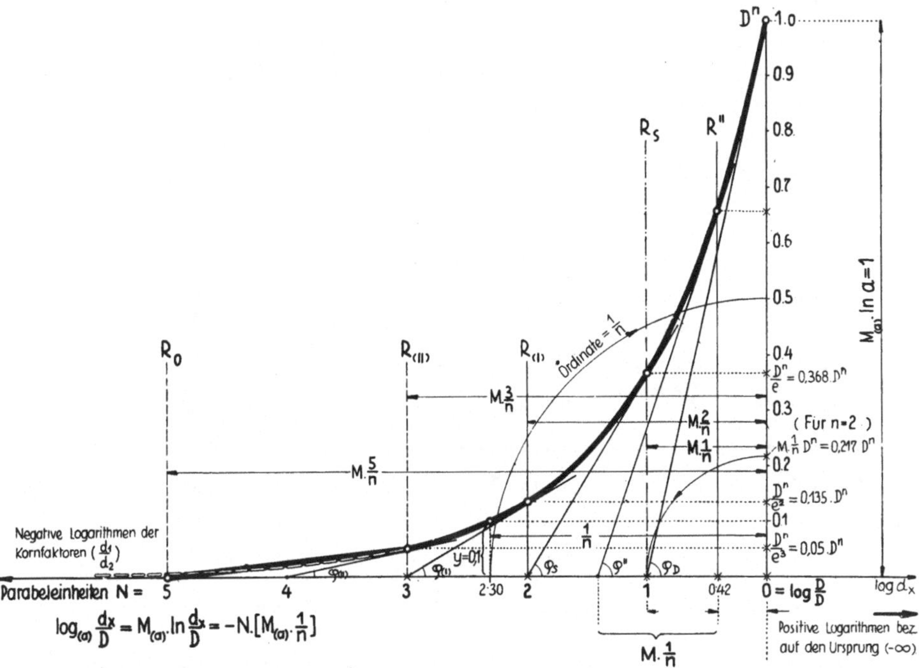

Abb. 20. Parabolisch-logarithmische Kornverteilung und ihre dekadische Parabeleinheit $\dfrac{M}{n}$. Das Schlußkorn des Gemengeteiles — der Feinerkörnung — (— 4.) Ordnung hat stets den Mengenanteil $e^{-5} =$ $= 0,0067$, welcher praktisch gleich Null ist. Als positiver „Endmodulabstand" $\left(\log\dfrac{D}{d_0}\right)$ kann daher für die Trockenstoffe von Grobbeton (einschließlich Zement) immer $5 \cdot \dfrac{M}{n}$ gelten. (Weitere Kleinstkornregeln: vgl. Anhang A, III, 5, und Anhang B, IV und VI, 1.)

$\varphi_{Pg} = + 1$ entspricht daher der Größtmodulabstand

$$r_{d'} - r_D = -\left[1 - e^{\left(\frac{x}{e^x}-1\right)}\right]_{x=0} \cdot \frac{M}{n} = \frac{M}{n} \cdot \frac{1-e}{e}$$

und seine Anzahl von Parabeleinheiten bildet bekanntlich den ln y'_P. Daher ist sein Feinermengenanteil stets

$$y'_P = e^{\left(\frac{1}{e} - 1\right)}.$$

(In Abb. 20 als fehlende Kote einzutragen!)

Die Gesamtkornpotenz R_{mP} hat wie für jede, so auch für jede parabolische Kornverteilung die Ordnung $\varphi_P = 0$. — Bei parabolisch-logarithmischen Kornverteilungen — aber auch nur bei diesen — entsprechen gleichen Modulabständen auch immer gleiche Ordnungsdifferenzen.

5. Festlegung eines bestimmten Kleinstkorns für jeden Parabelgrad (logarithmische Gerade). (Vgl. Anhang B, Abschnitt VI, Fußnote 10.)

Wiewohl es bisher üblich war, die im vorangehenden behandelten numerischen und logarithmischen Parabeln unmittelbar als Kornverteilungs-

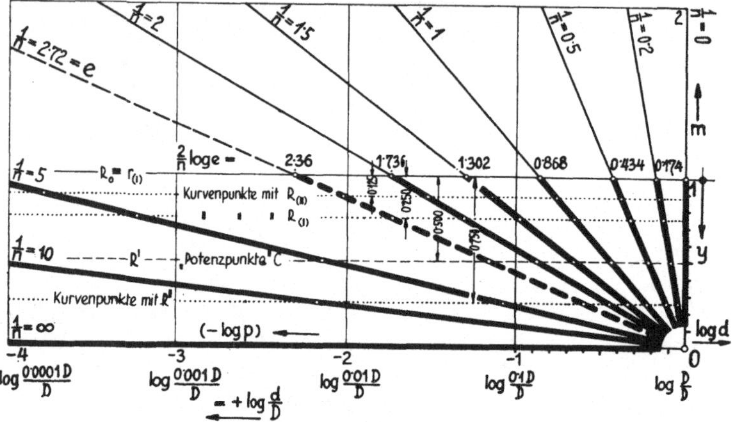

Abb. 21. Logarithmisch-gerade Kornverteilungen. Jeder Strahl ist der geometrische Ort aller Punkte, welche die Bedingung $\left(\dfrac{d}{D}\right)^{\frac{1}{m}} = e^{-\frac{2}{n}}$ erfüllen.

linien zu benutzen, besteht doch hiebei zwischen der Wirklichkeit und der Theorie ein wesentlicher Gegensatz, u. zw. dadurch, daß in Wirklichkeit weder die Größen noch die Mengen der Körner unendlich klein oder gar Null werden können, wie es die Theorie voraussetzt. Um diese Unstimmigkeit zu beseitigen, können die parabolisch-logarithmischen Linien, z. B. bei ihren Schlußkornpotenzen (—1.) Ordnung, sozusagen abgeschnitten werden (vgl. Abb. 19), so daß letztere für jeden Parabelgrad (d. i. Hauptmodulabstand, s. Schluß des Punktes 3) als jeweilige Kornmoduln des Kleinstkorns gelten. Dann ist $r_0 - r'_D = -2 \cdot \dfrac{M}{n} =$

$= \log \dfrac{d_0}{D}$ oder auch der „Endkornfaktor" $\dfrac{\overset{\cdot}{d_0}}{D} = 10^{-2\frac{M}{n}}$. Die Gleichung solcher logarithmischer Linien hat dann folgenden Bau: $\dfrac{d}{D} = a^{(1-y)}$ oder mit Kornmodulabständen als Abszissen (s. Abb. 21):

$$\log \frac{d}{D} = (1-y) \cdot \log a.$$

Die Basisgröße a ergibt sich bei einer Feinermenge $y = 0$; sie stellt also den „Endkornfaktor" $a = \dfrac{d_o}{D} = 10^{-2\frac{M}{n}}$ dar. Nun ist die jeweilige Abszisse (der Größtmodulabstand) $\log \dfrac{d}{D} = -2\,\dfrac{M}{n} \cdot (1-y)$, was die Gleichung einer Geraden

$$\text{darstellt mit} \quad \begin{cases} y_L = 0 \text{ für } \log \dfrac{d_o}{D} \text{ oder } d = d_o, \\[2mm] y_L = 1 \text{ für } \log 1 = 0 \text{ oder } d = D. \end{cases}$$

Der Ursprung $\left(\begin{smallmatrix} y = 0 \\ \log \frac{d}{D} = 0 \end{smallmatrix} \right)$ des Koordinatensystems liegt hier auf jener Abszissenlinie, welche von den logarithmischen Geraden in den „negativen Endmodulabständen" $\log \dfrac{d_o}{D} = -2\,\dfrac{M}{n}$ geschnitten wird, während die Ordinatenachse von allen logarithmischen Geraden im Scheitelpunkt des Strahlenbündels $y_L = 1$ (Größtkornordinate) geschnitten wird. Die Richtungstangente eines jeden Strahles (bei der Winkelabweichung α von der Ordinatenachse) ist daher

$$\operatorname{tg} \alpha = \operatorname{ctg} \beta = 2\,\frac{M}{n} = \frac{0 \cdot 8686}{n} = -\log \frac{d_o}{D}.$$

Logarithmische Gerade dieser Art liegen also um so flacher, je größer der zugehörige Parabelgrad $\dfrac{1}{n}$ ist. Für den Parabelgrad $\dfrac{1}{n} \doteq 1 \cdot 15$ ergibt sich die 45⁰ige Gerade mit $\operatorname{tg} \alpha = 1 = -\log \dfrac{d_o}{D}$ oder der Endkornfaktor $\dfrac{d_o}{D} = 0 \cdot 1$.

Die halbe Kotangente des Neigungswinkels (β) einer logarithmischen Geraden ist zugleich die konjugierte Parabeleinheit $\left(\dfrac{M}{n} \right)$.

6. Zugeordnete (konjugierte) Kornverteilungen.

Eine logarithmische Gerade ist laut dem Vorgesagten eine solche Kornverteilung, in welcher der Größtkornfaktor $\left(\dfrac{d}{D} \right)$ jedes Einzelkornes eine ganz bestimmte Potenz des Endkornfaktors $\dfrac{d_o}{D}$ ist, u. zw. ist der bezügliche Exponent unmittelbar die Gröbermenge $(1-y)$ des betreffenden Einzelkornes:

$$\frac{d}{D} = \left(\frac{d_o}{D} \right)^{1-y}$$

Indem man also praktisch ein bestimmtes Kleinstkorn und Größtkorn oder auch nur deren Größenverhältnis als gegeben annimmt, hat man der Geraden nach der Grundbeziehung

$$a = \frac{d_o}{D} = 10^{-2\frac{M}{n}}$$ auch schon einen bestimmten Parabelgrad $\dfrac{1}{n} =$

$$= \frac{\log \dfrac{D}{d_o}}{0 \cdot 8686} = 1 \cdot 15 \cdot \log \frac{D}{d_o}$$ zugeordnet. Dabei ist das gegebene Kleinstkorn

64

der Geraden nichts anderes als das parabolische Schlußkorn (—1.) Ordnung, während das gegebene Größtkorn und das Gesamtkorn (mit andern Worten: der Hauptmodulabstand) für die Gerade und die Parabel gemeinsam sind.

Dagegen sind die Mengenteilungen — bis auf eine einzige Korngröße — überall verschieden. Z. B. hat jede Parabel im Gesamtkorn bekanntlich die Feinermenge $\dfrac{1}{e}$, während die logarithmische Gerade daselbst sinngemäß die Feinermenge $\dfrac{1}{2}$ hat. Allgemein stehen für gleiche Größtmodulabstände die Feinermengen y_P der Parabel und y_L der zugehörigen logarithmischen Geraden in folgender Beziehung:

$$y_P = \left(\frac{1}{e}\right)^{2(1-y_L)}.$$

Gleiche Mengenteilungen ergeben sich also für zwei solche zugehörige Linien nur bei den Feinermengen:

$$y_P = \left(\frac{1}{e}\right)^{1\cdot594} = 0\cdot203 = y_L.$$

Wie eingangs nachgewiesen wurde, bedeutet der Exponent 1·594 die Anzahl der Parabeleinheiten, welche den zugehörigen positiven Größtmodulabstand $\log \dfrac{D}{d}$ liefert; daher ist auch der um eine Parabeleinheit verminderte Exponent 0·594 die negative parabolische „Ordnung" des Schlußkornes gleicher Mengenteilung für beide Kornverteilungen. Je zwei derartige zugehörige Linien (Parabel und logarithmische Gerade) werden als konjugierte oder zugeordnete Kornverteilungen bezeichnet.

Mit dekadischen Kornmoduln hat die Richtungskonstante einer konjugierten logarithmischen Geraden laut obigen Sätzen stets die folgende Beziehung zum Parabelgrad $\dfrac{1}{n}$:

$$\operatorname{tg} \beta = \operatorname{ctg} \alpha = \frac{n}{0\cdot8686} = 1\cdot15 \cdot n.$$

7. Gemessen nach ihrer Parabeleinheit $\dfrac{M}{n}$ ist jede Parabel eine „Modulparabel".

Beim Wurzelgrad $\underline{n} = \log e = \underline{M} = 0\cdot4343$ ergibt sich für die konjugierte Gerade die Richtungskonstante $\operatorname{tg} \beta = \dfrac{\log e}{2 \log e} = 0\cdot5$. Zu dieser konjugierten Geraden gehört die Parabel vom Grad $\dfrac{1}{n} = \ln 10 = \dfrac{1}{M} =$

$= 2 \cdot 3026$, welche wohl am besten als „Modulparabel" bezeichnet wird, denn ihre Gleichung ist:

$$y_P = \left(\frac{d}{D}\right)^M.$$

Wenn aber, wie gewöhnlich, als Abszissen die dekadischen Logarithmen $\log \dfrac{d}{D} = r_d - r_D$ (die „Größtmodulabstände") benutzt werden, so lautet die Gleichung der Modulparabel:

$$y_P = 10^{M(r_d - r_D)} = e^{(r_d - r_D)}.$$

Logarithmiert ergibt sich also $r_d - r_D = \ln y_P$ oder in Worten: die **Feinermengen** y_P der Modulparabel ergeben sich als die **Numeri** ihrer jeweiligen Größtmodulabstände $(r_d - r_D)$, wenn letztere einfach als **natürliche Logarithmen** angesehen werden. Dies ist bloß die Umkehrung des aus dem Punkt 4 hervorgegangenen Satzes.

Aus Abschnitt III, Punkt 3, ist bekannt, daß in jedem beliebigen Parabelgrad für das Gesamtkorn $d = d_m$ sich der Hauptmodulabstand im Werte der dekadischen Parabeleinheit $\dfrac{M}{n}$ oder — was dasselbe ist — im Werte der gesamten Durchgangsfläche F_D ergibt. Die Feinermenge y_m der Gesamtkorngröße ist daher für alle Parabelgrade gegeben durch

$$\ln y_m = -\frac{M}{n} \quad \text{oder} \quad y_m = e^{-\frac{M}{n}}.$$

Aus Abschnitt III, Punkt 2, ist aber auch bekannt, daß für alle Parabelgrade $y_m = e^{-1}$ sein muß. Aus dem Vergleich der letzten beiden Werte ergibt sich, daß die Parabeln aller Grade als „Modulparabeln" aufgefaßt werden können, da für letztere ja auch $\dfrac{M}{n} = 1$ oder $\underline{\underline{n = M}}$ ist (s. oben, den Begriff der Modulparabel!). Die Voraussetzung hiefür ist bloß, daß die Größtmodulabstände stets nach Parabeleinheiten $\left(\dfrac{M}{n}\right)$ gemessen werden.

Dieser Sachverhalt erlaubt eine ungemein rasche Konstruktion aller Parabeln gemäß Abb. 19. Es ist bloß die dekadische Parabeleinheit $\dfrac{M}{n}$ als Längeneinheit der Abszissenachse zu wählen, so daß jedem bestimmten Parabelgrad $\dfrac{1}{n}$ auch ein bestimmter Abszissenmaßstab zugehört. Den gleichbezifferten Teilungspunkten aller dieser Maßstäbe oder mit andern Worten: den Gemengeteilen gleicher Ordnung (s. Punkt 4) kommen immer auch gleiche Feinermengen $y_P = e^{(r_d - r_D)}$ zu, wobei aber der jeweilige **Größtmodulabstand** $(r_d - r_D)$ mit dem jeweiligen Längenmaßstab $\dfrac{M}{n} = 1$, also in dekadischen Parabeleinheiten, zu messen ist. Die jeweils sich ergebende Maßzahl ist einfach als natürlicher Logarithmus anzusehen und der zugehörige Numerus bildet schon die gesuchte Parabelordinate y_P. Als Längeneinheit $\left(\dfrac{1}{n}\right) = 1$ der Parabelgrade gilt dabei die Ordinatenlänge der Gesamtmenge 1.

Die Punkte der parabolisch-logarithmischen Linien aller Grade lassen sich daher mit Hilfe der gewöhnlichen Tafeln für natürliche Logarithmen oder eines geeigneten Rechenstabes ohne weiteres unmittelbar angeben.

IV. Potentielle Kennzeichnung regelloser Kornverteilungen (Abb. 22).

1. Die Ordnungen der **nicht** parabolisch abgestuften Kornverteilungen.

Da die Modulabstände aller nicht parabolischen Kornverteilungen auch nicht nach Parabeleinheiten meßbar sind, haben die Ordnungen derselben naturgemäß auch nicht die im obigen Abschnitt III, Punkt 2 und 4, erkannte Bedeutung. Sie sind vielmehr nichts anderes als fortlaufende Nummern, welche für die vom Kleinstkorn ausgehenden Gemengeteile (unterhalb des Gesamtkorns, aber beginnend mit dessen

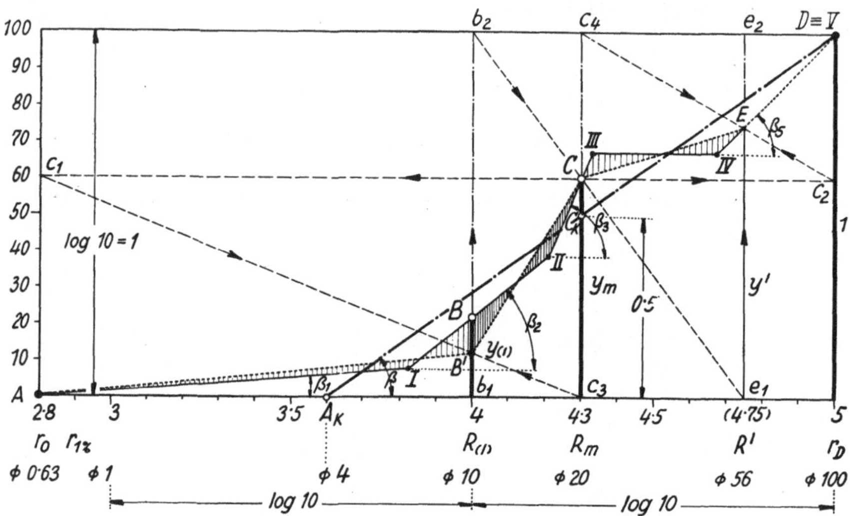

Abb. 22. Regellose Kornverteilungen der bloßen Zuschlagstoffe und ihre Potenzenstrahlen. Die konjugierte Gerade A_K C_K D hat gleiches Größtkorn *(D)* und gleichen „Hauptmodulabstand" $\left(\log \dfrac{D}{d_m}\right)$ wie diese regellosen Kornverteilungen.

Ordnung 0) durch die negative Reihe ganzer Zahlen und für die vom Größtkorn ausgehenden Gemengeteile (oberhalb des Gesamtkorns, aber gleichfalls beginnend mit dessen Ordnung 0) durch die positive Reihe ganzer Zahlen ausgedrückt werden (vgl. obigen Abschnitt I, Punkt 5). Aber auch diese Kornpotenzordnungen weisen praktisch bedeutsame Zusammenhänge auf, wie aus den folgenden Punkten hervorgeht.

2. Gesetz der Potenzenstrahlen.

Auch jedes regellose Gemenge (Abb. 22) folgt dem Gesetz des Potenzenstrahles $b_2 C e_1$, auf welchem nebst dem Potenzenpunkt C (dem

Gesamtkorn) auch die Projektionen der Schlußkornpunkte (— 1.) und 1. Ordnung *(b₂,* bezw. *e₁)* liegen müssen.

Ebenso befolgt die Kornteilung durch das Gesamtkorn der sogenannten mittleren Kornverteilungslinie $A \; B' \; C \; E \; D$ auch das Potenzenstrahlengesetz, indem deren Schlußkörner (— 1.), bezw. (1.) Ordnung auf den geraden Verbindungslinien der Projektionspunkte $c_1 \, c_3$, bezw. $c_4 \, c_2$ liegen müssen.

Hieraus ergibt sich, daß zur Festlegung einer regellosen Kornverteilung mit oder ohne Ausfallkörnung die Kenntnis seines Kleinst- und Größtkorns nebst seiner Gesamtkornpotenz R_m und Schlußkornpotenz (— 1.) Ordnung $R_{(')}$ und deren Feinermengen y_m, bezw. $y_{(')}$ praktisch hinreicht. (Man verfolge die Pfeile für die Strahlenziehungen zur Bestimmung der ,,mittleren" Kornverteilungslinie!)

Die Abweichungen von der mittleren Kornverteilungslinie ergeben sich naturgemäß aus der Abweichung der gegebenen von der mittleren Mengenteilung *(B'* statt *B)* im Schlußkorn (— 1.) Ordnung und aus der allfälligen Forderung einer Ausfallkörnung, welche stets zwischen dem Gesamtkorn und dem Schlußkorn 1. Ordnung einzulegen ist. Bei der Beseitigung dieser Abweichungen darf aber die Rückstandsfläche der Verteilungslinie nicht geändert werden. Diese Bedingung führt zur eindeutigen Bestimmung der den Angaben genau entsprechenden Kornverteilungslinie. (Man beachte die flächengleichen gleichgeschrafften Dreiecke!)

Wie sich die Gesamtkornpotenz 0. Ordnung stets aus ihren Nachbarordnungen (— 1.) und 1. Ordnung errechnet, wird durch die granulometrische Grundgleichung (II) auf S. 47 ausgedrückt; in Worten: ,,Das Rechteck über dem Gesamtmodulabstand 1. Ordnung mit der Gesamthöhe ist flächengleich dem Rechteck über dem Modulabstand der Ordnungen (— 1) und (+ 1) mit der Höhe des Potenzenpunktes C'' (vgl. Abb. 17 und 22). In anderer Fassung lautet dieser Satz: ,,Die Gesamtkornpotenz ergibt sich als Summe der beiden Produkte aus der Schlußkornpotenz 1., bezw. (— 1.) Ordnung mal der Gesamtkornteilung oberhalb, bezw. unterhalb des Potenzenpunktes C."

3. Die konjugierte Parabel und die konjugierte logarithmische Gerade.

Jede geneigte Polygonseite irgendeiner **regellosen** Kornverteilung zeigt gemäß Abschnitt III, 5 u. ff., als logarithmische Gerade schon durch ihre Neigung den Wurzelgrad ihrer konjugierten Parabel an, da dieser gleich ist 0·8686 der Tangente des Neigungswinkels β.

Jede geneigte Polygonseite liefert ferner durch ihre ergänzende Verlängerung über den Bereich der Gesamtmenge 1 unmittelbar vier Kennpunkte ihrer konjugierten Parabel:

Die Projektion ihres Kleinstkorns auf die Mengenlinie $y_{(')} = e^{-2} = 0.135$ gibt den Parabelpunkt für das Schlußkorn — 1. Ordnung;

das Korn gleicher Mengenteilung im Schnittpunkt mit der Mengenlinie $y_L = 0.203$;

die Projektion des Mittelpunktes ($y_L = 0.5$) auf die Mengenlinie $y' = e^{-1} = 0.368$ gibt den Parabelpunkt für das Gesamtkorn (0. Ordnung);

das gemeinsame Größtkorn für $y_{max} = 1$.

Auch jedem **regellosen** Kornverteilungspolygon als Ganzem, ist eine Parabel bestimmten Grades konjugiert, insofern letztere den gleichen ,,Hauptmodulabstand" für gleiches Größtkorn hat.

Die dieser konjugierten Parabel zugeordnete logarithmische Gerade kann in das regellose Polygon unmittelbar eingetragen werden, da ihr Größtkorn gegeben ist und ihr Mittelpunkt die Ordinatenlinie der Gesamtkornpotenz (0. Ordnung) R_m halbieren muß (vgl. Abb. 22, die konjugierte Gerade $A_K D$).

Die halbe Kotangente ihres Neigungswinkels β gibt die Parabeleinheit $\dfrac{M}{n}$ der zur regellosen Kornverteilung konjugierten Parabel an.

Die näheren theoretischen Grundlagen für die hier aufgezeigten Beziehungen wurden teilweise in „Kornoberflächen und Kornpotenzen" („Zeitschrift des Österr. Ingenieur- und Architekten-Vereines" 1933, Heft 1—4) und in „Versuchsmethoden der Regelverteilungen" (Fachzeitschrift „Das Betonwerk", Berlin 1933, Heft 21) veröffentlicht. Im übrigen liegen Vorstudien des Berichterstatters über die Potenzenkurven nur im Manuskript vor.

Anhang B.

Näheres über Einflußfaktoren und Verteilungszahlen sowie über Verdünnungen der Mörtel- und Betongemenge.

In einer seiner jüngsten betontechnischen Aufsätze über ausgeführte eigene und fremde Wasserbauten macht der erfolgreiche Zement- und Betonforscher M. Spindel nebenbei die Bemerkung, daß durch die neuen vom Österr. Eisenbetonausschuß erstmals überprüften und bestätigten Theorien der zielsicheren Betonbildung dieses (durch fast 50 Jahre) offen gebliebene Problem wohl gelöst, aber noch nicht abgeschlossen worden sei. Das dürfte dahin zu verstehen sein, daß die Hoffnung besteht, auf den eingeschlagenen neuen technologischen Wegen noch manches zu finden, was in der Baupraxis sicherheitliche und wirtschaftliche Fortschritte hervorbringen kann. In diesem Sinne soll auch im folgenden versucht werden, eine wissenschaftliche Verfeinerung der Grundlage für die zielsichere Betonbildung dadurch zu erreichen, daß die Elemente, welche die Verteilungszahlen bilden, mathematisch schärfer erfaßt werden. Es sind dies einerseits die direkten Einflußfaktoren der nur physikalisch wirksamen Korngemenge, d. h. der Zuschlagstoffe, anderseits der jeweilige relative Einflußfaktor der auch chemisch wirksamen Körnungen, d. h. der pulverförmigen Bindemittel.

Wegen gebotener Kürze muß hier die Kenntnis der vorangegangenen Ausschußversuchsberichte (S. 3—52) und des Anhangs A vorausgesetzt werden.

I. Die (direkten) Einflußfaktoren der inerten Körnungen.

Eingangs des ersten Versuchsberichtes von Zeissl (s. „Erste Aufgabe", S. 7 ff.) wurde schon auseinandergesetzt, daß wir uns der Ungenauigkeiten bewußt waren, welche in der Betrachtung jeder einzelnen Korngruppe als Gemenge gleich großer Körner vom Kornmodul $r = \dfrac{r_x + r_y}{2}$ noch gelegen sind (r_x und r_y bedeuten $\dfrac{1}{10}$ der jeweiligen Nachbarsiebmoduln, wie letztere durch die Önormen $B\ 3109$ und $B\ 3110$ festgelegt wurden). Diese Annahme diente aber wesentlich der Vereinfachung des zu erforschenden Sachverhaltes und schloß die spätere mathematische Verfeinerung nicht aus (vgl. auch dritten Versuchsbericht, Abschnitt E, S. 32). Es kann nämlich obige Annahme größter Unwahrscheinlichkeit durch eine andere Annahme ersetzt werden, die in manchen Fällen zur Gänze, in andern Fällen nur näherungsweise zutreffen wird: daß sich zwischen den Grenzkornmoduln jeder einzelnen Korngruppe die Kornmoduln im selben Verhältnis wie die ihnen zugehörigen Korngewichte verteilen, also eine gerade Kornverteilungslinie auf logarithmischen Abszissen ergeben.

Der Einflußfaktor einer logarithmisch gerade verteilten Korngruppe ist gleich der Summe einer unendlich großen Anzahl von einzelnen Einflußfaktoren unendlich kleiner Gewichte, also ein Integral: Der Wasseranspruch von 1000 kg dieser Gruppe muß daher für den Plafond der Betonsteifen gleich der Verteilungszahl sein, u. zw.:

$$\lambda = \Sigma \left(\frac{10}{r}\right)^3 \cdot g = \int\limits_{r_x}^{r_y} \frac{1000}{r^3} \cdot d\,y, \qquad \dots 1)$$

worin sich die Veränderlichen r und y auf die gerade Strecke der Kornverteilungslinie von der linearen Gleichung:

$$y - \sigma_x = \frac{\sigma_y - \sigma_x}{r_y - r_x} \; (r - r_x) \qquad \dots 2)$$

beziehen; durch Differenzierung derselben erhält man

$$d\,y = \frac{\sigma_y - \sigma_x}{r_y - r_x} \cdot d\,r$$

$$\lambda = 1000 \cdot \frac{\sigma_y - \sigma_x}{r_y - r_x} \int\limits_{r_x}^{r_y} \frac{d\,r}{r^3} = 1000 \cdot \frac{\sigma_y - \sigma_x}{r_y - r_x} \cdot \left[-\frac{1}{2\,r^2}\right]_{r_x}^{r_y}$$

$$w = 500 \frac{\sigma_y - \sigma_x}{r_y - r_x} \left(\frac{1}{r_x{}^2} - \frac{1}{r_y{}^2}\right). \qquad \dots 3)$$

Dieser Wasseranspruch gilt für das Korngemenge vom Gewichte $(\sigma_y - \sigma_x)$, wobei als Gewichtseinheit 1 to zu gelten hat. Der Koeffizient dieser Gewichtsmenge in Formel 3 ist der „Einflußfaktor" dieser logarithmisch geradlinig verteilten Körnungsmenge in Litern je 1000 kg. Er läßt folgende Umformung zu:

$$500 \cdot \frac{\left(\dfrac{1}{r_x}\right)^2 - \left(\dfrac{1}{r_y}\right)^2}{r_y - r_x} = 1000 \cdot \frac{\dfrac{r_x + r_y}{2}}{r_x{}^2 \cdot r_y{}^2}. \qquad \dots 4)$$

Man sieht, daß dieser Einflußfaktor den bislang von uns einfachheitshalber angesetzten Wert $\left(\dfrac{10}{r}\right)^3$ aber nur dann annimmt, wenn wirklich nur eine einzige Korngröße

$$r = r_x = r_y \qquad \dots 5)$$

vorhanden ist. Gegenüber 4 ist der Fehler, welchen man mit dem arithmetischen Mittel r^3 begeht von der Größe $(r_y - r_x)^2$. Er wird unerheblich, wenn die Siedmoduln mit kleinen Differenzen aufeinanderfolgen. Dies bedingt im Feinkornbereich aber mehr Siebe als für die Grobkörnungen, wo sich die Siebmoduln ohnehin logarithmisch zusammendrängen.

Bei dem von Zeissl auf S. 9 behandelten Versuchsgemenge Nr. 22 (vgl. Tafel I) fallen sechs von neun Sieben in die ausschlaggebenden Feinkörnungen. Es ergibt sich auch gegenüber genauen Einflußfaktoren kein erheblicher Fehler. Mit letzteren wäre für den Zuschlagstoff $\lambda_s = 23\cdot74$, und unter Beibehaltung von $\lambda_z = 150$ würde sich die totale Verteilungszahl $\lambda = \frac{1}{9} \cdot 150 + \frac{8}{9} \cdot 23\cdot74 = 37\cdot77$, also in gleicher Höhe ergeben wie mit mittleren Einflußfaktoren.

II. Der „relative" Einflußfaktor des Zementes.

Wie die Ausschußberichte an mehreren Stellen (S. 8 und 32) andeuten, kann der Wasseranspruch des Zementes nicht auf denselben Grundlagen wie jener der inerten Korngemenge beurteilt werden. Hier spielen Adsorption, Absorption, insbesondere aber die vom Feuchtigkeitsgrad abhängigen Knollenbildungen und schließlich das Erfordernis einer vollständigen Hydratation des Zementes eine vom Grad der Befeuchtung und vom Mischungsverhältnis stark abhängige Rolle. Daher kann an eine Bestimmung des jeweiligen Zementwasseranspruches im unmittelbaren Versuchswege überhaupt nicht gedacht werden.

Der mittelbare Versuchsweg empfiehlt sich aber auch aus den im Ausschußbericht, S. 29, besprochenen Gründen, welche — trotz aller Voraussetzungen — noch auf eine gewisse Abhängigkeit des der gesamten Theorie zugrunde gelegten Ausgangswertes — Betonsteifeplafond genannt — von der Gesteinsart der Zuschlagstoffe hindeuten. Dies ist um so begreiflicher, als es sich ja für uns niemals um eine einheitliche Gesteinsart, sondern mindestens um deren zwei handelt (Zuschlagstoff und Zement), deren rein physikalische Wechselwirkungen mit dem Wasser und untereinander die Lage des Steifeplafonds mitbeeinflussen, u. zw. auch dann, wenn jedes Kornelement durch eine ideale raumgleiche und glatte Kugel ersetzt und dadurch der Einfluß der morphologischen Verschiedenheiten ausgeschaltet gedacht wird.

Zu den grundlegenden Vorversuchen sollte daher auch die Bestimmung der „relativen" Verteilungszahl des Zementes gegenüber dem jeweiligen Gestein und für den in der Bauausführung vorherrschenden Betonsteifegrad zählen. Diese Bestimmung ist so einfach, daß sie ohne weiteres in die gewöhnliche Vorversuchsreihe ohne irgendwelchen Mehraufwand eingeschaltet werden kann.

Es werden nacheinander zwei Mischen aus genau demselben Zuschlagstoff (λ_s), jedoch in möglichst verschiedenen Zementmischungsverhältnissen $\begin{cases} 1:\mu_1 \\ 1:\mu_2 \end{cases}$ angerichtet. Das Mischwasser (zuzüglich der Eigenfeuchte) ist jeder Mische allmählich insolange zuzusetzen (in griechischen Zeichen ω_1, bezw. ω_2), bis die aufeinanderfolgenden Steifemessungen in beiden Fällen denselben baupraktisch geforderten Powersgrad (wegen besserer Meßbarkeit empfehlenswert $25 \gtreqless P \lesseqgtr 15$) ergeben. Gleichen Powersgraden P entspricht auch nahezu die gleiche Verdünnung k, welche aber unbekannt ist, da sie sich ja auf die unbekannten Verteilungszahlen λ_1 bezw. λ_2 des Gesamtgemenges bezieht. Nun kann man zwei Gleichungen mit (scheinbar) drei Unbekannten aufstellen, wenn der auf $1000\,kg$ Trockenstoffe umgerechnete Wasseranspruch (in lateinischen Zeichen w_1 bezw. w_2) für jede der beiden Mischen (mit den Zementmengen z_1 bezw. z_2) angeschrieben wird:[8])

$$w_1 = \omega_1 \cdot \frac{1000}{z_1\,(1+\mu_1)} = \frac{\omega_1}{z_1} \cdot \frac{1000}{1+\mu_1} = \lambda_1 \cdot k \\[2mm] w_2 = \frac{\omega_2}{z_2} \cdot \frac{1000}{1+\mu_2} = \lambda_2 \cdot k \;\Bigg\} \qquad \ldots\ldots 6)$$

Die Unbekannten λ_1 und λ_2 lassen sich aber auf eine einzige Unbekannte λ_z bekanntlich durch die allgemeine Mischungsformel (s. Fußnote 6) zurückführen, so daß die beiden Unbekannten λ_z und k aus folgenden beiden Gleichungen, in welchen λ_s, μ_1, μ_2, w_1, w_2 gegebene Versuchswerte sind, bestimmt werden:

$$w_1 = \left(\frac{\lambda_s}{1 + \dfrac{1}{\mu_1}} + \frac{\lambda_z}{1+\mu_1} \right) \cdot k \\[3mm] w_2 = \left(\frac{\lambda_s}{1 + \dfrac{1}{\mu_2}} + \frac{\lambda_z}{1+\mu_2} \right) \cdot k \;\Bigg\} \qquad \ldots\ldots 7).$$

Die Lösung lautet:

$$\frac{\lambda_z}{\lambda_s} = \frac{w_2\,(1+\mu_2)\cdot\mu_1 - w_1\,(1+\mu_1)\cdot\mu_2}{w_1\,(1+\mu_1) - w_2\,(1+\mu_2)}.$$

Gemäß 6 ist allgemein $w \cdot (1+\mu) = 1000 \cdot \dfrac{\omega}{z}$; überdies bedeutet die Mischungszahl μ naturgemäß das Gewichtsverhältnis des Gesteines und des Zements, d. h. $\mu = \dfrac{s}{z}$; nach diesen Einsetzungen erhält obiger Ausdruck die Form:

$$\frac{\lambda_z}{\lambda_s} = \frac{\dfrac{\omega_2}{z_1} \cdot \dfrac{s_1}{z_2} - \dfrac{\omega_1}{z_2} \cdot \dfrac{s_2}{z_1}}{\dfrac{\omega_1}{z_1} - \dfrac{\omega_2}{z_2}}. \qquad \ldots\ldots 8)$$

Die einzelnen Glieder dieses Ausdruckes haben auch eine physikalische Bedeutung, so wie auch die ganze Proportion einen sehr einfachen Rechnungsvorgang darstellt.

$\dfrac{\omega_1}{z_2} \cdot \dfrac{s_2}{z_1}$ ist der „verschränkte Wasser- und Stein-Zement-Faktor"

---

[8]) $k_x = \dfrac{1000 \cdot \dfrac{\omega}{z}}{(1+\mu)\cdot\lambda}$ stellt die algebraische Analyse des Verdünnungsbegriffes für den bestimmten Steifegrad $P = x$ dar. $1 + \mu = \dfrac{100}{\sigma_z}$ bildet die Maßzahl des Trockengemenges, ausgedrückt in Zementgewichtsteilen, also etwa das „Zementmaß des Trockengewichtes".

zweier Mischen, der kürzehalber als „verschränkt-kombinierter Faktor der 1. Mische" (deren $\dfrac{\omega_1}{z_1}$ er enthält) bezeichnet sei.

Es ergibt sich hienach der Satz, daß die Verteilungszahlen des Zementes und der Zuschlagstoffe zueinander im selben Verhältnis stehen wie die Differenz´ der verschränkt-kombinierten Faktoren zweier verschieden fetter Mischen gleichen Zuschlagstoffes und Steifegrades zur Differenz ihrer Wasserzementfaktoren.

Man erkennt sofort, daß λ_z auch für sehr verschiedene λ_s unverändert bleiben kann, insolange sich nur das Differenzenverhältnis (8) reziprok mit λ_s ändert.

Der obige Ableitungsgang (vgl. Formel 6) zeigt, daß man auch den gewöhnlichen Wasserzementfaktor $\dfrac{\omega}{z}$ erhält, wenn man den Wasseranspruch der Gewichtseinheit der Trockenstoffe $\dfrac{w}{1000}$ multipliziert mit dem „Zementmaß[8]) des Trockengewichts" $(1 + \mu)$. Der gewöhnliche Wasserzementfaktor erscheint somit durchaus nicht mehr — wie allgemein angenommen wird — als ein vom Mischungsverhältnis unabhängiger Wert, sobald man sich nur von vornherein für einen bestimmten Steifegrad des Frischbetons entschieden hat, so wie es in dem in Rede stehenden Ableitungsgang ja geschehen muß.

$$f = \frac{\omega}{z} = \frac{w}{1000}\,(1 + \mu). \qquad\qquad \dots 9)$$

III. Über die Erfassung der wahren Kornverteilung.

Jede Kornverteilung wird durch ihre Verteilungszahl erfaßt. Die Ausschußversuchsberichte verweisen im III. Teil, eingangs des Abschnittes E (S. 32), auf die Mängel, welche eine willkürliche Siebfolge für die Ermittlung der Verteilungszahl mit sich bringen kann.

Der Abschnitt I dieses Anhangs führt für den inerten Teil des Gemenges den Nachweis, daß bei größeren Siebintervallen die Verteilungszahl nicht aus den arithmetischen Mitteln ihrer Grenzkornmoduln abgeleitet werden darf, wenn nicht unter Umständen unzulässige Fehler begangen werden sollen. (Allgemein anwendbar ist eben nur der Ausdruck 4.)

Im Abschnitt II wird hier gezeigt, daß die Verteilungszahl des Gesamtgemenges, welche sich aus den Verteilungszahlen des bloßen Zementes und des bloßen Zuschlagstoffes in bekannter Weise (vgl. Ausdrücke 7) zusammensetzt, auch die vorausgängige Ermittlung des gegenseitigen Verhälnisses dieser letzteren erfordert. Hiebei kommt die recht verwickelte gegenseitige Beeinflussung infolge der zahlreichen besonderen Umstände sowohl quantitativer als auch qualitativer Natur des Steingemenges und des Zementes durch die Verschränkung der Wasser-Zement- und der Gestein-Zement-Faktoren sowie durch die besondere Art des Differenzenverhältnisses gut zum Ausdruck (Formel 8).

Die hier unter II abgeleitete Verteilungszahl des bloßen Zementes (welche sich aus [8] als Vielfaches der jeweils bekannten Verteilungszahl des Zuschlagstoffes ergibt) bildet begriffsgemäß zugleich seinen Einflußfaktor, welcher in Litern je 1000 kg Zement dessen Wasseranspruch für die Verdünnung $k = 1$ bedeutet. Seine Genauigkeit hängt also wesentlich von jener der Verteilungszahl des Zuschlagstoffes ab.

Anderseits liefert die rechte Seite des Ausdruckes 4 den Einflußfaktor jedes logarithmisch-geradlinig verteilten inerten Korngemenges. Um die Verteilungszahl des letzteren im Falle seiner Regellosigkeit möglichst genau zu erhalten, muß also seine Verteilungslinie (auf logarithmischer Abszissenachse) als polygonaler Linienzug richtig darstellbar sein. Seine waagrechten Polygonseiten ergeben die als Ordinatendifferenz erscheinende Korngruppenmenge Null, daher auch deren Produkt mit dem bezüglichen Einflußfaktor immer Null ist („Ausfallkörnungen"). Alle

---

[8]) Siehe Fußnote [8]), S. 72.

nicht waagrechten Polygonseiten zwischen den Ordinaten σ_n und σ_{n+1} (= Durchgangssummen in Prozenten der gesamten Trockenstoffmenge 100) bilden Darstellungen der Korngruppenmengen $(\sigma_{n+1} - \sigma_n)$, welche, mit den zugehörigen Einflußfaktoren $500 \cdot \dfrac{r_n + r_{n+1}}{r_n^2 \cdot r_{n+1}^2}$ multipliziert, je ein Aufbauglied der Verteilungszahl bilden.

Die allgemeine Darstellung der Verteilungszahl einer aus n Polygonseiten bestehenden Kornverteilung (Zement + Zuschlagstoff) bildet zugleich deren erste granulometrische Grundgleichung und lautet:

$$\lambda = \lambda_z \cdot \frac{\sigma_z}{100} + 5 \cdot \left[\sum_{r_z}^{r_{n-1}} (\sigma_{x+1} - \sigma_x) \frac{r_x + r_{x+1}}{(r_x \cdot r_{x+1})^2} + \right.$$
$$\left. + (100 - \sigma_{n-1}) \frac{r_{n-1} + r_D}{(r_{n-1} \cdot r_D)^2} \right]. \qquad \dots 10)$$

Der in der Fußnote [6]) der „Ausschußversuchsberichte", S. 32, ersichtliche Zementfaktor ist demgemäß $n = \dfrac{500}{\lambda_z}$; daher sich z. B. für $\lambda_z = \begin{Bmatrix} 150 \\ \text{bezw. } 125 \end{Bmatrix} l/to$ das $n = \begin{Bmatrix} 3^1/_3 \\ \text{bezw. } 4 \end{Bmatrix}$ ergibt. (Dort wurden die Durchgangsmengen σ aber als Bruchteile der Gesamtmenge 1 ausgedrückt. Hier bedeuten sie das 100fache.)

IV. Über mischtechnische Gleichwertigkeit. (Die „anspruchgleiche Gerade" der Zuschlagstoffe.)

Ein Blick auf die granulometrische Grundgleichung 10 zeigt, daß die aufeinanderfolgenden Aufbauglieder des (von der Verteilungszahl λ dargestellten) ideellen Wasseranspruchs des Betongemenges durch die größeren Kornmoduln r sehr rasch verkleinert werden, da die Nenner mit dem vierten Grad derselben anwachsen.

Die Grundgleichung 10 lehrt ferner, daß entscheidend für die mischtechnische Gleichwertigkeit am „Plafond der Steifegrade" die Gleichheit der **Mengenteilung** in den niedrigen Korngrößen (d. h. ihrer summarischen Durchgangsmengen σ_x) ist (vgl. den Aufsatz „Zu den Versuchsmethoden der Regelverteilungen" in „Das Betonwerk" 1933, Berlin, Heft 21, viertletzter Absatz). Streng genommen, ist aber diese Voraussetzung gleicher Mengenteilungen z. B. bei gleichen Schlußkörnern der 0. und (− 1.) Ordnung nur durch eine einzige (u. zw. die gegebene) Kornverteilung erfüllbar. Die Grundgleichung 10 ist eben eindeutig. Daher ist die mischtechnische Gleichwertigkeit von Kornverteilungen derselben Stoffgattung grundsätzlich nur dann erreichbar, wenn die Abweichungen in den Aufbaugliedern von 10, insbesondere sofern letztere dem Feinbereiche zugehören, sich gegenseitig ausgleichen (s. wie vor: Legende zur dortigen Abb. 4).

Wenn dagegen verschiedene Stoffgattungen miteinander verglichen werden, so kann eine Verschiedenheit der Verteilungszahlen λ auch durch die reziproke Verschiedenheit der Verdünnungen k so ausgeglichen werden, daß die Gemenge trotz ungleicher Verteilungszahlen mischtechnisch doch gleichwertig werden.

Aus obigem Abschnitt III sind die Schwierigkeiten einer völlig zutreffenden Erfassung irgendeiner Kornverteilung bekannt. Aber am wenigsten kann das jeweilige wirkliche Kleinstkorn nach seiner Größe und Menge wirklich bestimmt werden. Dennoch wäre dies von größter Wichtigkeit, weil eben diese kleinsten Kornstaffeln den größten Einfluß auf den gesamten Wasseranspruch des Gemenges haben.

Unter den Auskunftsmitteln, welche an Stelle einer wirklichen Kleinstkornbestimmung zur Verfügung stehen (vgl. Fußnote 10), darf nach vielfachen Versuchen folgende Berechnungsweise den Vorzug beanspruchen, daß durch sie logarithmisch-gerade Kornverteilungen von hinreichend übereinstimmendem Wasseranspruch mit der wirklichen Kornverteilung des bloßen Zuschlagstoffes (ohne Zement), also nichts Geringeres als mischtechnisch gleichwertige Kornverteilungen einfachsten Verlaufs, gewonnen werden können. Sie können kurz als die „anspruchgleichen Geraden" der Zuschlagstoffe benannt werden.

Die unterste inerte Kornstaffel eines gut gekörnten Zuschlagstoffes darf äußerstenfalls mit ihrem Kleinstkorn an das chemisch noch wirksame Größtkorn feingemahlener moderner Zemente unmittelbar anschließen. Diese Korngröße möge mit etwa 60 μ beziffert werden, d. h. der größte Zementkornmodul sei mit $R_z = \log 60 = 1\cdot78$ angenommen (vgl. das „Beispiel" auf S. 9).

Abgesehen von diesem eben gedachten Grenzfall sei die unterste inerte Kornstaffel allgemein durch die Kornmoduln R_0 und R_1 begrenzt. Die Feinermenge bei R_0 sei 0, jene bei R_1 sei σ_1, beziffert nicht in Prozenten, sondern als ein entsprechend kleiner Bruchteil der Gesamtmenge 1. Denkt man an die Schaulinie (etwa Abb. 22), in welcher sich diese unterste Polygonseite unter der Neigung β_1 darstellt, so wäre

$$\operatorname{ctg} \beta_1 = \frac{R_1 - R_0}{\sigma_1}.$$

Das Kleinstkorn soll nun einerseits keinen kleineren Kornmodul als R_z haben, anderseits aber auch als Korngruppe mindestens so stark vertreten sein, daß sich kein größeres $\operatorname{ctg} \beta_1$ ergibt als 3, also $\operatorname{ctg} \beta_1 \lesseqgtr 3$. Daher die Bedingung

$$R_0 \gtreqless R_1 - 3\,\sigma_1 \gtreqless 1\cdot78. \qquad \dots 11)$$

Hieraus folgt die **Kleinstkornregel** der gleichwertigen Verteilungsgeraden: „Nur wenn die unterste Polygonseite der gegebenen Schaulinie des bloßen Zuschlagstoffes flacher liegt als $\operatorname{ctg} \beta_1 = 3$, ist sie vom unteren Grenzkorn der nächstgrößeren Kornstaffel aus nach der Neigung $1:3$ zu berichtigen. Wenn dabei $R_0 < 1\cdot78$ würde, so gilt für das Kleinstkorn eben der Modul $R_0 = 1\cdot78$."

Ist auf diese Weise die unterste Polygonseite berichtigt, so erscheint auch der Verlauf der mischtechnisch gleichwertigen logarithmischen Geraden eindeutig durch die Bedingung bestimmt, daß durch sie die Gesamtkornpotenz (0. Ordnung) R_{ms} für den bloßen Zuschlagstoff nahezu gleichbleiben muß.[9]) Die „anspruchgleiche Gerade" ist also durch das gewonnene Kleinstkorn und durch den Halbierungspunkt der Ordinaten-

---

[9]) Die Gesamtkornpotenz R_{ns} entspricht dem Abramsschen Feinheitsmodul m, wenn er statt auf die geometrische Maßreihe $73\cdot5\,\mu \times 2^m$ bezogen wird auf die geometrische Maßreihe $1\,\mu \times 10^{R_{ms}}$. Allerdings spricht Abrams noch nicht von der Verteilungszahl, sondern von einem andern bestimmten Wasseranspruch, u. zw. jenem der mittelplastischen Betonsteife, was aber das Wesen nicht berührt. Ebensowenig berührt das Wesen die hier nachgewiesene Erkenntnis, daß neben dem Feinheitsmodul als zweites Argument des Wasseranspruchs nicht das wirkliche Größtkorn (wie Abrams annahm), sondern das korngruppenbildende inerte Kleinstkorn zu betrachten ist.

linie für R_{ms} festgelegt. Wenn zwei Kornverteilungen derselben Zuschlagstoffgattung in mischtechnischer Hinsicht praktisch gleichwertig sein sollen, so müssen sie nahezu gleiche Verteilungszahlen $\lambda_s \doteq \lambda_{sg}$ besitzen. Für die logarithmische Gerade gibt der im Abschnitt I abgeleitete Ausdruck 4 zugleich die Verteilungszahl λ_{sg}. Angewendet auf eine gerade Kornverteilung, wie die in Abb. 22 eingetragene Gerade $A_K\,C_K\,D$, lautet der Ausdruck 4:

$$\lambda_{sg} = 1000 \cdot \frac{R_{ms}}{\left[R_0 \cdot (2\,R_{ms} - R_0)\right]^2}. \qquad \ldots 12)$$

Diese Formel kann als der „allgemeine Gleichwertigkeitssatz der Kornpotenzen von Zuschlagstoffen" betrachtet werden: Der ideelle Wasseranspruch (für den Steifeplafond) je Gewichtseinheit des bloßen Zuschlagstoffes ergibt sich als Quotient aus dessen Gesamtkornpotenz und dem Quadrat des Produktes der kleinsten und größten Kornmoduln seiner anspruchgleichen Verteilungsgeraden. Das Trockengemenge hat dann eine aus λ_{sg} und aus der Verteilungszahl des bloßen Zementes λ_z zusammengesetzte totale Verteilungszahl λ, welche selbstverständlich vom Mischungsverhältnis $1:\mu$ (nach Gewichtsteilen) abhängt (siehe S. 32, Fußnote [6]):

$$\lambda = \frac{1}{1+\mu} \cdot \lambda_z + \frac{\mu}{1+\mu} \cdot \lambda_{sg} = \frac{\lambda_{sg}}{1+\mu} \cdot \left(\mu + \frac{\lambda_z}{\lambda_s}\right). \qquad \ldots 13)$$

Das Verhältnis $\dfrac{\lambda_z}{\lambda_s}$ ist bekanntlich nach Formel 8 aus zwei Mischen gleichen Zuschlagstoffes und Steifegrades, aber verschiedener Mischungsverhältnisse zu ermitteln. Setzt man 8 und 12 in die Formel 13 ein, so erhält man eine genauere Form der ersten granulometrischen Grundgleichung (vgl. S. 46, unten, Gleichung I):

$$\lambda = \frac{1000}{1+\mu} \cdot \frac{R_{ms}}{\left[R_0 \cdot (2\,R_{ms} - R_0)\right]^2} \cdot \left(\mu + \frac{\dfrac{\omega_2}{z_2} \cdot \dfrac{s_1}{z_1} - \dfrac{\omega_1}{z_1} \cdot \dfrac{s_2}{z_2}}{\dfrac{\omega_1}{z_1} - \dfrac{\omega_2}{z_2}}\right). \qquad \ldots 13\,a).$$

Die den Veränderlichen der Gleichung I entsprechenden Zeichen sind hier: $R_{ms} = R'_m$; $R_0 = R_{(l)}$, bezw. die Berichtigung gemäß 11; schließlich $\mu = \dfrac{100}{\sigma_{(l)}} - 1$.

In der folgenden Zusammenstellung 3 sind die Ergebnisse der Formel 12 für die praktisch am häufigsten vorkommenden Gesamtkornpotenzen der Zuschlagstoffe $3{\cdot}30 \leq R_{ms} \gtreqless 4{\cdot}30$ und für 8 verschiedene Kleinstkörner von Zuschlagstoffen im Bereiche $0{\cdot}06\,mm \leq d_0 \gtreqless 2{\cdot}30\,mm$, d. h. für kleinste Kornmoduln derselben $1{\cdot}78 \leq R_0 \gtreqless 3{\cdot}36$ dargestellt.

Zusammenstellung 3.

Verteilungszahlen von logarithmisch-geraden Kornverteilungen.

d_0 mm	R_0	R_{ms}										
		3·3	3·4	3·5	3·6	3·7	3·8	3·9	4·0	4·1	4·2	4·3
0·06	1·78	44·8	42·5	40·5	38·6	37·0	35·4	34·0	32·7	31·4	30·2	29·2
0·08	1·90	41·4	39·3	37·3	35·6	34·0	32·4	31·3	29·8	28·6	27·6	26·6
0·10	2·00	39·0	36·9	35·0	33·4	31·8	30·3	29·0	27·8	26·6	25·6	24·7
0·15	2·18	35·5	33·5	31·7	30·0	28·6	27·2	26·0	24·9	23·8	22·8	21·9
0·20	2·30	33·7	31·8	29·9	28·4	26·9	25·6	24·4	23·3	22·3	21·3	20·5
0·50	2·70	29·8	27·8	25·9	24·3	23·0	21·7	20·5	19·5	18·6	17·7	16·9
1·00	3·00	28·4	26·2	24·3	22·7	21·3	20·0	18·8	17·8	16·9	16·0	15·2
2·30	3·36	—	25·5	23·3	21·6	20·1	18·7	17·5	16·5	15·5	14·6	13·8

Für überschlägige Vorbeurteilungen gegebener Zuschlagstoffe und Mischungsverhältnisse dürften diese Angaben insofern hinreichen, als ihre Genauigkeit (besser als $\pm 10\%$) durch Interpolationen zwischenliegender R_{ms} und R_0 nicht wesentlich verschlechtert wird. Ebenso ist es zumeist zulässig, bei der Auswertung der Formel 13 den Näherungswert $\lambda_z = 125$ für gute Zemente zu verwenden.

Einige Beispiele für den Grad der Annäherung durch die Formel 11 gibt die nachfolgende Zusammenstellung 4.

Schließlich sei noch am Beispiel der Post-Nr. 1 in Zusammenstellung 4 die Verteilungszahl der zu den polygonalen Kornverteilungen der Abb. 22 konjugierten parabolischen Kornverteilung berechnet und mit ihrer mischtechnisch gleichwertigen logarithmischen Geraden verglichen.

Als Kleinstkornmodul der parabolischen Kornverteilung sei (nach Fußnote 10) etwa $r_{10\%} = 2·9$ betrachtet. Nach den Lehren des Anhanges A, insbesondere Abschnitt III, Ziffer 6, kann die granulometrische Grundgleichung 10 für die konjugierte Parabel unmittelbar aus Abb. 22 abgelesen werden, denn die parabolischen Kornpotenzordnungen ∞, 0, -1 und -2 liegen bei $r_D = 5$; $R_m = 4·3$;

$$r_{(')} = r_D - 2\,(r_D - R_m) = 3·6; \qquad r_{('')} = r_D - 3\,(r_D - R_m) = 2·9 = r_{1\%}.$$

Die zugehörigen Feinermengen sind für die Parabeln aller Grade immer dieselben, u. zw. in obiger Reihenfolge: $\sigma_x\% = 100$; $= 36·8$; $= 13·5$; $= 5$, welch letztere Menge jedoch hier wegen der Annahme, daß es sich um das Kleinstkorn handle, als 0 betrachtet sei.

Für die Gleichung 10 sind somit die aufeinanderfolgenden Mengendifferenzen $(\sigma_{x+1} - \sigma_x)$ wie für alle parabolischen Verteilungen konstant, u. zw.:

$$(13·5 - 0) = 13·5;\quad (36·8 - 13·5) = 20·3;\quad (100 - 36·8) = 63·2.$$

Der Ansatz lautet also:

$$\lambda_{sp} = 5\left[13·5 \cdot \frac{2·9 + 3·6}{(2·9 \cdot 3·6)^2} + 20·3 \cdot \frac{3·6 + 4·3}{(3·6 \cdot 4·3)^2} + 63·2 \cdot \frac{4·3 + 5}{(4·3 \cdot 5)^2}\right] = 5\,(0·805 + 0·769 + 1·268) = \underline{14·21}.$$

Für die „Kleinstkornregel" zur Aufstellung der mischtechnisch gleichwertigen logarithmischen Geraden der gedachten parabolischen Verteilung gilt hier als untere Grenze der zweiten Kornstaffel:

$$r_{(')} = 3·6 \quad \text{und} \quad \sigma_{(')} = 0·135,$$

daher der Kleinstkornmodul gemäß 11:

$$R_0 = r_{(')} - 3 \cdot \sigma_{(')} = 3·6 - 0·405 = 3·195.$$

Nach Formel 12 erhält man nun die Verteilungszahl der „anspruchgleichen Geraden"

$$\lambda_{sg} = 1000 \cdot \frac{4·3}{[3·2 \cdot (8·6 - 3·2)]^2} = 14·35$$

mit einer Abweichung von $+1\%$ gegenüber der obigen parabolischen Verteilung.

Zusammenstellung 4.

Regellose Zuschlagstoffgemenge und ihre anspruchgleichen Geraden.

Laufende Nummer	Kornverteilung ohne Zement	Gesamtkornpotenz des Zuschlagstoffes R_{ms}	Kleinster Kornmodul		Verteilungszahl		Abweichung vom genauen Wert	
			gegeben R'_0	berichtigt nach $ctg\beta=3$	λ_s genau	λ_{sg} nach Formel 11	absolut	in Prozent
1	Nach Abb. 22	4·30	2·80	3·60	12·7	13·3	+0·6	+4·7
2	Tabelle I, Gemenge Nr. 1	3·82	1·78	2·00	30·8	30·0	—0·8	—2·6
3	„ I, „ „ 2	3·44	1·78	2·13	31·7	33·7	+2·0	+5·9
4	„ I, „ „ 3	4·01	1·78	2·04	28·9	27·1	—1·8	—6·2
5	„ I, „ „ 4	3·49	1·78	1·78	43·4	40·7	—2·7	—6·2
6	„ I, „ „ 5	4·05	1·78	2·07	26·2	26·1	—0·1	—0·4
7	„ I, „ „ 6	3·94	2·70	2·70	20·3	20·1	—0·2	—1·0
8	„ I, „ „ 7	3·42	1·78	2·03	36·8	35·9	—0·9	—2·4
9	„ I, „ „ 9	3·72	1·78	1·87	34·2	34·4	+0·2	+0·6
10	„ I, „ „ 10	3·93	1·78	2·18	24·1	25·7	+1·6	+6·6
11	„ I, „ „ 11	3·94	1·78	2·19	23·7	25·5	+1·8	+7·6
12	„ I, „ „ 12	3·87	2·70	2·70	21·6	20·9	—0·7	—3·2
13	„ I, „ „ 13	3·51	1·78	2·04	34·8	34·1	—0·7	—2·0
14	„ I, „ „ 14	3·81	1·78	1·95	33·4	31·3	—2·1	—6·1
15	„ I, „ „ 15	3·57	1·78	1·95	35·2	35·0	—0·2	—0·6
16	„ I, „ „ 16	3·55	1·78	1·90	37·2	36·5	—0·7	—1·9
17	„ I, „ „ 17	3·67	1·78	2·09	31·2	30·7	—0·5	—1·6
18	„ I, „ „ 20	3·82	1·78	2·13	27·8	27·8	±0·0	±0·0
19	„ I, „ „ 22	3·94	1·78	2·18	24·1	25·6	+1·5	+6·2
20	„ I, „ „ 24	3·67	1·78	1·96	33·7	33·2	—0·5	—1·5

V. Theorie und Praxis der Verdünnungen.

Die Formeln 6 und die Fußnote[8]) enthalten die algebraische Darstellung des aus den Versuchsberichten (insbesondere S. 22, Punkt 3) bekannten grundlegenden Verdünnungsbegriffes. Für die geometrisch-analytische Darstellung muß aber ein bisher noch nicht erzielter Fortschritt vorweggenommen werden, nämlich, daß die Steifegradmessung nicht nur der flüssigen und weichen, sondern auch der erdfeuchten Gemenge durch einen wesentlich gleichartigen und streng einheitlichen Meßvorgang möglich wäre.

Bekanntlich muß man auch bei Powersgraden im Bereich der Erdfeuchte das Auskunftsmittel des systemfremden „Setzmaßes" als Ergänzung des unzureichenden „Umformungsmaßes" verwenden.

Bezeichnet man das Gewichtsverhältnis des Anmachwassers ω zum Trockenstoff $z(1+\mu)$ einer Mische als „Wasser-Trockenstoff-Faktor" Φ, so ist für einen bestimmten Steifegrad $P = x$ dieser Faktor naturgemäß

$$\Phi_x = \frac{\omega_x}{z_x\,(1 + \mu_x)}. \qquad \dots 14)$$

Gemäß den Formeln 6 ist der Wert 14 zugleich auch

$$\Phi_x = \frac{\lambda}{1000} \cdot k_x. \qquad \dots 15)$$

Die geometrisch-analytische Darstellung dieser Gleichung 15 mit den Koordinaten $k_x \lessgtr 1$ und $\Phi_x \lessgtr$ als der Wasser-Trockenstoff-Faktor des Steifeplafonds P_0 ergibt für dieselben Trockenstoffgattungen (welche streng genommen auch gleiche Zementmischungsverhältnisse und gleiche Größtkörner bedingen) infolge einer und derselben Plafondhöhe ein durch den Koordinatenursprung gehendes Strahlenbündel aller ihrer Verteilungszahlen λ. Die Strahlen haben Neigungen gegen die k_x-Achse, welche durch die Richtungsgrößen $\operatorname{tg} \alpha_x = \dfrac{\lambda}{1000}$ gegeben sind.

Wie aus der für das „Um und Auf" der Betontechnologie, d. i. die Konsistenzfrage grundlegenden Abb. 2 und ihrer Legende (auf Tafel II) ersehen werden kann, schwankt der praktische Bereich der Betonverteilungszahlen etwa innerhalb $55 > \lambda > 35$, daher der Bereich für obgenannten Winkel nur innerhalb $3° > \alpha > 2°$. Würde also die Darstellung nicht so wie in Abb. 2, sondern mit den jeweiligen Verdünnungen k_x als Ordinaten erfolgen, dann würde das Strahlenbündel der Verteilungszahlen λ ungemein steil und schmal ausfallen. Dies zeigt eben, welch mächtige Wirkung schon die geringsten Änderungen der Abszisse Φ_x auf den Ordinatenwert k_x und damit auch auf den Steifegrad P_x ausüben; ferner, daß es für diesen Einfluß nur äußerst wenig verschlägt, ob diese oder jene Kornverteilung (λ) vorliegt.

Anderseits läßt aber das besprochene schleifschnittige Bild auch ermessen, wie empfindlich sich der Übergang von einem zum andern $\lambda =$ Strahl auf derselben Ordinatenlinie (Φ_x) durch Änderung des Ordinatenwertes (k_x) und damit auch durch jene des Steifegrades P_x äußert.

In der oberen Tafelhälfte der Abb. 13 wurde die Schleifschnittigkeit des gedachten Bildes durch eine 25fache Koordinatenverzerrung gemildert, so daß sowohl das Vorbesprochene als das Folgende daselbst leichter verfolgt werden kann. Der dortige Abszissenwert ω ist auch nichts anderes als der Wassertrockenstoffaktor Φ. Der Scheitel des Strahlenbündels der λ liegt aber bei $\Phi = 0$ und $k = 0$.

Zur Veranschaulichung seien als praktisches Beispiel die in den **Zementnormen** fast aller Länder genormten Regelmörtel für die Herstellung gleichartiger Versuchskörper zur Prüfung der Zementgüte angeführt. Die länderweise genormten Regelsande sind durchwegs gewaschene und abgesiebte Quarzsande von nicht über $2\ mm$ Größtkorn, welche mit dem jeweiligen Zement stets im Gewichtsverhältnis $3:1$ gemischt werden. Hier können also die Voraussetzungen durchwegs gleicher Trockenstoffgattungen als erfüllt angesehen werden. Von

vornherein kann daher gesagt werden, daß alle Regelsande ein Strahlenbündel von Verteilungszahlen ergeben müssen, das im folgenden
näher betrachtet werden soll.

Während Deutschland, Österreich, Schweden, Italien u. a. m. für die
Erzeugung der Versuchskörper die erdfeuchte Steife vorschreiben, sehen
andere Länder, wie Frankreich, Schweiz, England und die Vereinigten
Staaten von Nordamerika, hiefür eine steifplastische Erzeugungsweise
vor. Da es aber noch an einer einheitlichen Steifegradmessung gebricht,
sind die Maßnahmen für die Steifebeurteilung vielfach verschieden. In
Österreich sind Tastversuche hiefür vorgeschrieben; Italien überläßt die
Wasserzumessung den Zementfabriken; in Deutschland gilt neuestens
der feste Wert $\Phi = 0 \cdot 08$ für die erdfeuchte Steife; in der Schweiz neuestens
der feste Wert $\overline{\Phi = 0 \cdot 11}$ für die steifplastische; in den anderen vorgenannten Ländern wurde die Féretsche Funktion zugrunde gelegt,
welche den Wasserzusatz des Regelmörtels abhängig macht vom Wasserzusatz für die Herstellung von Zementbrei auf Grund der Vicatschen
Nadelprobe (erfordert letztere F Gramm Wasser je 1 kg Zement, dann ist
die Mörtelwassermenge (in Gramm) je 1 kg Trockengemenge $\Phi = a + b \cdot F$;

$$\text{für erdfeucht} \begin{cases} a = 45 \\ b = 0 \cdot 17 \end{cases} \qquad \text{für steifplastisch} \begin{cases} a = 55 \\ b = 0 \cdot 21 \end{cases}$$

Nach der Féretschen Funktion würde also Deutschland mit einem konstanten $F = 210\ g$, die Schweiz mit dem konstanten $F = 260\ g$ rechnen.

Gemäß Ausdruck 14 ist in allen Ländern der „Wasser-Trockenstoff-
Faktor" $\Phi = \dfrac{1}{4} \cdot \dfrac{\omega}{z} = \dfrac{f}{4}$; daher der Wasser-Zement-Faktor $f = \dfrac{\omega}{z} = 4 \cdot \Phi$.
Demnach hat Deutschland den festen Wasser-Zement-Faktor $f = 4 \cdot 0 \cdot 08 =$
$= 0 \cdot 32$ und die Schweiz den festen Wert $f = 4 \cdot 0 \cdot 11 = 0 \cdot 44$ für Regelmörtel
genormt. In den übrigen Ländern hängt der Wasser-Zementfaktor f
gleichfalls vom Regelbreiwasserzusatz F ab.

Die USA-Zementnorm beziffert den praktischen Bereich der
Normensteife von Regelbrei mit $150\ g < F < 300\ g$ (Norm $C\ 77 - 32$,
Art. 25). Für einen Mittelwert von $F = 225\ g$ würden sich folgende Werte
der Féretschen Funktion ergeben:

Gemäß der Zementnorm in Schweden (erdfeucht):

$$\Phi = 45 + 0 \cdot 17 \times 225 = 82 \cdot 8\ g/kg = 0 \cdot 083.$$

Gemäß den Zementnormen in Frankreich, England, Vereinigten Staaten
von Nordamerika (steifplastisch):

$$\Phi = 55 + 0 \cdot 21 \times 225 = 101 \cdot 8\ g/kg = 0 \cdot 101.$$

Diese Mittelwerte weichen also nur unwesentlich von den festen
Werten Deutschlands, bezw. der Schweiz ab.

Dieses Ergebnis ist um so interessanter, als die Kornverteilungen
der in den verschiedenen Ländern genormten Regelsande durchaus nicht
gleich sind, so daß ohne Kenntnis der Gleichung 15 der Verdünnungen
jedermann vermuten würde, daß zur Erzielung desselben Steifegrades
bei gleichem Zementmischungsverhältnis sehr verschiedene Wasserzusätze

nötig sein müßten. Für die Kornverteilungen der Regelsande gelten folgende Angaben, geordnet nach Größtkörnern:

Frankreich (plastisch):

Größtkorn $\emptyset$ 2·00 mm, Kleinstkorn $\emptyset$ 0·50 mm; $\lambda_s = 37\cdot7$; $\lambda_m = 59$.

Italien (erdfeucht):

Größtkorn $\emptyset$ 1·50 mm, Kleinstkorn $\emptyset$ 1·00 mm; $\lambda_s = 34\cdot0$; $\lambda_m = 56\cdot7$.

Deutschland, Österreich, Schweden (erdfeucht):

Größtkorn $\emptyset$ 1·39 mm, Kleinstkorn $\emptyset$ 0·74 mm; $\lambda_s = 36\cdot8$; $\lambda_m = 58\cdot9$.

Schweiz (plastisch):

Größtkorn $\emptyset$ 0·88 mm; Kleinstkorn $\emptyset$ 0·55 mm; $\lambda_s = 43\cdot8$; $\lambda_m = 64\cdot1$.

England (plastisch):

Größtkorn $\emptyset$ 0·85 mm; Kleinstkorn $\emptyset$ 0·60 mm; $\lambda_s = 43\cdot8$; $\lambda_m = 64\cdot1$.

Vereinigte Staaten von Nordamerika (plastisch):

Größtkorn $\emptyset$ 0·60 mm; Kleinstkorn $\emptyset$ 0·43 mm; $\lambda_s = 50\cdot9$; $\lambda_m = 69\cdot4$.

Die Verteilungszahlen der Regelsande wurden nach der Formel 12 aus dem kleinsten und größten Kornmodul r_0, bezw. r_D berechnet, u. zw. ergibt sich $\lambda = 500 \cdot \dfrac{r_0 + r_D}{(r_0\, r_D)^2}$. Die totalen Verteilungszahlen der Trockengemenge wurden gemäß Fußnote 6 berechnet mit der Zementverteilungszahl $\lambda_z = 125$; daher $\lambda_m = \dfrac{125 + \mu \cdot \lambda_s}{1 + \mu}$.

Wie oben nachgewiesen, darf der deutsche Faktor $\Phi = 0\cdot08$ als Mittelwert für alle erdfeuchten Regelmörtel und der schweizerische Faktor $\Phi = 0\cdot11$ für alle steifplastischen Regelmörtel gelten.

Die mittleren Verdünnungen k_x ergeben sich aus Gleichung 15 als $k_x = 1000 \cdot \dfrac{\Phi_x}{\lambda_m}$, u. zw.:

Für die erdfeuchten Regelmörtel in Deutschland, Österreich, Schweden u. a. m.:

$$k_x = \frac{80}{58\cdot9} = 1\cdot36,$$

für die erdfeuchten Regelmörtel in Italien:

$$k_x = \frac{80}{56\cdot7} = 1\cdot41,$$

für die steifplastischen Regelmörtel in Frankreich:

$$k_x = \frac{110}{59} = 1\cdot86,$$

für die steifplastischen Regelmörtel in Schweiz und England:

$$k_x = \frac{110}{64\cdot1} = 1\cdot72,$$

für die steifplastischen Regelmörtel in den Vereinigten Staaten von Nordamerika:

$$k_x = \frac{110}{69\cdot4} = 1\cdot58.$$

Das Ergebnis dieses neutechnologisch behandelten Beispiels kann also dahin zusammengefaßt werden, daß die Regelsande aller Länder trotz der großen Verschiedenheiten ihrer Kornverteilungen (der Verteilungszahlen λ_s und der totalen Verteilungszahlen samt Zement λ_m) mit einem und demselben Zement (dessen Normensteife den Faktor $F = 210\ g$ Wasser ergäbe) einen und denselben **erdfeuchten** Steifegrad beim Zusatz von 80 l Wasser je Tonne des Trockengemenges, dagegen mit einem Zement, dessen $F = 260\ g$ wäre, einen und denselben **steifplastischen** Steifegrad bei 110 l Wasser je Tonne des Trockengemenges erzielen lassen.

Die Verteilungszahlen aller Regelmörtel-Trocken-Gemenge bilden ein Strahlenbündel, dessen Richtungsgrößen in bezug auf die Ordinatenachse unverzerrt sich in folgenden Grenzen bewegen: $0\cdot0567 < \mathrm{tg}\,\alpha < 0\cdot0694$. Sein Scheitel ist der gemeinsame Plafond aller Mörtelsteifen, dem die Verdünnung $k = 0$ zuzudenken ist. Die den verschiedenen Regelsanden entsprechenden Verdünnungen für den jeweilig genormten Regelmörtel schwanken zwischen $1\cdot36$ und $1\cdot86$, also um 37%. Da aber die Strahlenrichtungen in Wirklichkeit nur wenig verschieden sind, werden auf jeder der Senkrechten $\Phi_x = 80\ l$ und $\Phi_x = 110\ l$ die Verdünnungspunkte immerhin recht geringe Abweichungen aufweisen.

VI. Schlußfolgerungen für die Betonpraxis.

Aus den vorausgehenden fünf Abschnitten ergeben sich gewisse praktische Richtlinien, deren Beachtung geeignet ist, eine Reihe von üblichen Fehlerquellen auszuschalten, aber auch gewisse Vereinfachungen ohne Beeinträchtigung der Zuverlässigkeit in der Ermittlung der Angaben für die Betonbildung zu ermöglichen. Derlei Richtlinien sollen hier tunlichst übersichtlich angeführt werden:

1. Für wesentlich verschiedene Gattungen von Trockenstoffen (insbesondere Zuschlagstoffen) sollen die anzuwendenden Prüfsiebfolgen jeweils vorausgehend ermittelt werden.

Wenn in der Praxis aus irgendwelchen Gründen mit möglichst wenig Sieben geprüft werden soll, so muß zunächst ein Vorversuch zwecks „orientierender" Korntrennung mittels eines möglichst vielgliedrigen Siebsatzes durchgeführt werden. Es ist vorteilhaft, daß die Siebmoduln (s. Önorm B 3109 und B 3110) des letzteren eine arithmetische Reihe bilden, als deren Anfangsglied der Siebmodul des inerten Kleinstkorns[16]) zu denken ist. Die aufeinanderfolgenden Einzelrückstände werden nun gewogen und, insofern sie beiläufig gleich schwer sind, zu einer einzigen Korngruppe vereinigt. Diese Korngruppe ist als Rückstand des feinsten Siebes dieser Gruppe, deren Zwischensiebe nun entfallen können, zu betrachten.

Auf diese Weise erfolgt die näherungsweise Umwandlung der ideal richtigen, aber niemals ganz erfaßbaren Kornverteilungslinie (auf logarithmischer Abszissenachse) in ein Polygon mit möglichst wenig Seiten.

---

[16]) Als „inertes Kleinstkorn" gelte hier jenes, unterhalb welchem die inerte Feinkörnung nicht mehr als 1% jener Gesamtmenge aufweist, welche bis max. $\varnothing$ 2 mm reicht. Eine andere Kleinstkornregel gibt im Abschnitt IV die Formel 11.

2. Die Einflußfaktoren aller Siebintervalle sollen ein für allemal genau nach ihren Grenzkornmoduln berechnet werden

$$\left(\frac{r_x + r_{x+1}}{r_x^2 \, r_{x+1}^2} \right).$$

Diese Werte gelten dann als Konstantenreihe des Siebsatzes, sei er enger oder weiter gestuft.

Falls mit einer Kornpotenzwaage gearbeitet wird, sind die Waagschalen auf diese Teilungsziffern einzustellen und so lange auf dieser Einstellung zu belassen, als sich die Umstände der Erzeugung (Gewinnung) der natürlich oder künstlich zerkleinerten Zuschlagstoffe nicht ändern.

3. Als Einflußfaktor des Zements erscheint seine relative Verteilungszahl λ_z. Sie soll durch zwei konjugierte Mischversuche (s. Abschnitt II) immer dann neu ermittelt werden, wenn eine wesentlich verschiedene Gattung von Zuschlagstoffen vorliegt.

4. Werden die einzelnen inerten Rückstandsmengen in Bruchteilen des Gesamtgewichtes 1 ausgedrückt und mit dem 1000fachen zugehörigen Einflußfaktor des Siebintervalls multipliziert und wird dann die Summe aller dieser Produkte zu jenem Produkt addiert, welches das als Bruchteil der Gesamtmenge 1 ausgedrückte Zementgewicht mit seiner relativen Verteilungszahl ergibt, so erhält man die gesamte (totale) Verteilungszahl in Litern je 1000 kg Trockenstoffe.

5. Im „Schlußwort" zu den Ausschußversuchsberichten ist (auf S. 46) dargestellt, wie in jedem vorkommenden Falle auf Grund der etwa aus wirtschaftlichen oder technischen Rücksichten gegebenen Werte die übrigen für die Angaben zur Betonbildung nötigen Werte durch Rechnung, bezw. (auf S. 48) durch Zeichnung gefunden werden können. Beide Methoden beruhen auf der unerläßlichen Erfüllung von drei granulometrischen Grundgleichungen, deren mit I bezeichnete die näherungsweise Beziehung zwischen der Verteilungszahl und den potenzbezogenen Mengenteilungen darstellt. Sie ist nun durch die Gleichung 13, bezw. 12 ersetzbar, wodurch auch die Lösung nach den drei jeweiligen Unbekannten noch vereinfacht wird.

6. Die mischtechnische Gleichwertigkeit, welche alle — auch selbst regellose — Kornverteilungen der Zuschlagstoffe mit jener logarithmischen Geraden aufweisen, welche dieselbe Gesamtkornpotenz besitzt und deren kleinster Kornmodul der Bedingung 11 entspricht, gestattet es, ihre Verteilungszahlen aus vorzubereitenden Tabellen hinreichend genau unmittelbar zu entnehmen (s. Zusammenstellung 3).

Man hat dann in der Praxis nur noch die totale Verteilungszahl je nach dem Zementmischungsverhältnis gemäß Formel 13, bezw. 13 a auszurechnen.

7. Überdies wurde durch vorliegenden Anhang die schon in den Ausschußversuchsberichten, S. 32 in der Fußnote [6]), angegebene streng richtige Beziehung zwischen der Verteilungszahl und den zu bestimmten Kornpotenzen gehörigen Mengenteilungen des näheren begründet.

Selbst der oft wirtschaftlich bedingte, aber technisch ungünstigste Fall, daß die Zuschlagstoffe als natürliches und unabänderliches Gemenge gegeben sind, läßt unter allen Umständen noch drei Werte für die Erfüllung der obbezeichneten drei granulometrischen Grundgleichungen offen, wie zumindest etwa den Zementanteil, damit aber auch die Verteilungszahl des Gemenges und seine Gesamtkornpotenz 0.Ordnung. λ und R_m zusammen mit dem Zementanteil σ_z bilden dann die leicht berechenbaren drei Unbekannten. Alle andern Werte der drei granulometrischen Grundgleichungen I, II, III sind diesfalls bekannt oder aus dem Bekannten unmittelbar bestimmbar.

Jeder Praktiker dürfte es würdigen, daß selbst in solchen Zwangsfällen noch immer eine zuverlässige Ermittlung des Mischungsverhältnisses und der Wasseransprüche aller erreichbaren Steifegrade sowie des erzielbaren Höchstdichtigkeitsgrades des Frischbetons möglich wird.

Im Gegensatz hiezu wurden bisher die Siebergebnisse stets nicht nur bloß schematisch ermittelt, sondern auch nur einer vergleichenden und beschreibenden Deutung unterzogen;[11] sie können fortan jeweils die wahre Kornverteilung möglichst nahe erfassen und sie einer rechnerischen Verwertung zuführen.

---

[11] Als ein aus jüngster Zeit stammendes typisches Beispiel jener Arbeitsweise und ihrer geringen Eignung, aus dem Besondern das Allgemeine zu entwickeln, selbst wenn der Autor bereitwillig auf die Abramsschen Erkenntnisse eingeht, sei der Artikel „Gültigkeitsgrenzen des Abramsschen Feinheitsmoduls" in der Wochenschrift „Zement", Nr. 32, vom 10. August 1933 angeführt.

Anhang C.

Die Vorausberechnung der Biegezugfestigkeiten.

I. Funktionelles der reinen Druck- und der Biegezugfestigkeiten.

In neuerer Zeit wird in der gesamten Bau- und Werkstoffprüfung die Feststellung der Zugfestigkeit als vielsagender angesehen im Vergleich zur Druckfestigkeit. Die Zementnormen aller Länder (die französische Norm allein ausgenommen) fordern schon seit jeher den Nachweis der Zerreißfestigkeit, bezw. der Biegezugfestigkeit, und in England und den Vereinigten Staaten von Nordamerika verzichten sie sogar auf alle Nachweise betreffend Druckfestigkeiten. Auch die meisten Betonvorvorschriften nehmen auf jene Anschauung dadurch Rücksicht, daß gewöhnlich nebst den Würfeldruckproben noch Balkenprüfungen gefordert werden, aus welchen sich die Biegezugfestigkeit nachrechnen läßt.

Während es aber bislang mehreren Versuchsanstellern und Forschern gelungen ist, mehr oder weniger zutreffende funktionelle Zusammenhänge zwischen der Betonzusammensetzung und der Würfeldruckfestigkeit aufzustellen, waren alle Bemühungen, dasselbe auch bezüglich der Biegezugfestigkeit zu erreichen oder aber irgendwelche hinlänglich konstante Beziehungen zwischen diesen beiden Festigkeitsarten mit allgemeiner Gültigkeit herauszufinden, erfolglos (s. „Neues aus der amerikanischen Betonforschung" von Dr. F. Baravalle, „Zeitschrift des Österr. Ingenieur- und Architekten-Vereines", Heft 43/44, 1933).

Die Anwendung der neueren Betontechnologie auf die zahlreichen Versuchsergebnisse der letzten österr. Betonstraßenbauperiode, welche die Biegezugfestigkeiten von unbewehrten Probebalken 12 . 12 . 36 cm (Stützweite 30 cm) sowohl bei den zur Auswahl der Baustoffe durchgeführten Vorversuchen als auch während der Bauführungen feststellten, scheint mit aller Deutlichkeit das logarithmische Deklinantengesetz[12] erkennen zu lassen. Es steht mit dem logarithmischen Druckfestigkeitsgesetz von Abrams in einer durch die Abb. 23 veranschaulichten Beziehung.

Der untere Quadrant gibt die Darstellung des Abramsschen Gesetzes der siebentägigen Druckfestigkeiten für einen besonders hoch-

---

[12] $y = \dfrac{\log x}{x}$. Näheres in der „Zeitschrift des Österr. Ingenieur- und Architekten-Vereines" 1933, Heft 1—4: „Kornoberflächen und Kornpotenzen."

wertigen Zement vom Verdünnungsabfall $B = 5$ und für sechs andere Zemente bis zu einem Zement vom Verdünnungsabfall $B = 35$. Auf der negativen Ordinatenachse sind die Wasserzementfaktoren f numerisch aufgetragen, so daß die Abminderungsbeiwerte des allgemeinen Druckfestigkeitsplafonds A sich als numerische Abszissenwerte (sie sind aber hier mit y bezeichnet) $0 < B^{-f} < 1$ des negativen Bogenstückes der betreffenden logarithmischen Linie ergeben. Das positive Bogenstück (oberhalb der waagrechten Achse) hat keine physikalische Bedeutung.

Der obere Quadrant gibt für alle zusammenhaltenden Feuchtgemenge von Mörtel oder Beton zur Vorausberechnung ihrer siebentägigen Biegezugfestigkeiten die Abminderungsbeiwerte der „Siebentagskonstanten" C (s. Ausdruck [18]). Auf der gleichförmigen Abszissenteilung wird die sehr einfache Funktion des jeweiligen Wasserzementfaktors f abgelesen; sie bildet die „Exponentialdifferenz" $x = e - \varphi . f^2$ (s. Ausdrücke [16 und 17]), und die zugehörigen Ordinaten $y = \dfrac{\log x}{x}$ ergeben die gesuchten Abminderungsbeiwerte als Punkte der logarithmischen Deklinantenlinie. Die realen Werte liegen auf dem Bogenstück, für welches $1 < x \gtreqless e$ ist. Die Ordinaten y dieses realen Bogenstückes sind die „Deklinanten" der (physikalisch bedeutungslose Werte gebenden) Bogenstücke aller logarithmischen Linien des unteren Bildes. Selbstverständlich setzt die Veranschaulichung dieser Beziehung beider Linien den gleichen Längenmaßstab der Abszissenachsen voraus, d. h. in der Abb. 23 die Reduktion (Halbierung) der Längeneinheit der unteren Abszissenachse auf die Längeneinheit der oberen Abszissenachse. Dann liegen die Schnittpunkte auf den Abszissenachsen untereinander, und es entspricht die größte Ordinate des oberen Bildes (für $x = e$) dem irrealen Wasserzementfaktor im unteren Bild $f = - \log_{(B)} e$, also dem negativen logarithmischen Modul für die Basis B.

Die waagrechten Ordinaten des unteren Quadranten (praktischer Bereich etwa $0 \cdot 03 < y < 0 \cdot 63$) drücken die reinen Druckfestigkeiten als Bruchteile der bei normalem Verfahren höchsterreichbaren Druckfestigkeit (des „Festigkeitsplafonds") aus (vgl. S. 4, 4. Absatz); sie gelten sowohl für verschiedene Zemente im gleichen Erhärtungsalter als auch für verschiedene Erhärtungsalter eines bestimmten Zementes. Im Abramsschen Festigkeitsdiagramm (vgl. Materialprüfungs-Kongreßwerk, Zürich 1931, Bd. I, S. 753 und S. 1040) stellen sich die Verdünnungsabfälle B in folgender Beziehung zu den Richtungstangenten tg α der Festigkeitsstrahlen dar: $B = 10^{\text{tg} \alpha}$.

Die senkrechten Ordinaten des oberen Quadranten (praktischer Bereich etwa $0 \cdot 076 < y < 0 \cdot 160$) drücken die siebentägigen Biegezugfestigkeiten als Bruchteile der „Siebentagskonstanten" für Biegezug aus; das entscheidende Argument (waagrechte Abszissen) kann aber nicht einfach durch die Wasser- und Zementanteile (wie die senkrechten Abszissen im unteren Quadranten) gebildet werden, sondern es erfordert eine von zwei jeweiligen Gemengekonstanten abhängige Funktion des Wasser-Zement-Faktors f, nämlich die Exponentialdifferenz $2 \cdot 72 > (e - E) \geqq 1$.

Die Deklinantenlinie (oberer Quadrant) wird durch ungemein einfache Ableitung aus irgendeiner Linie des unteren Quadranten (für eine beliebige Logarithmenbasis B) erhalten, wenn man erstere in der Verzerrung $1 : \log_{(B)} 10^{10}$ darstellt.

Man sieht, daß der analytische Zusammenhang zwischen Zug- und Druckfestigkeiten der Mörtel und Betone kein unmittelbarer ist, sondern daß er über die irrealen Abminderungsbeiwerte der Druckfestigkeit $(1 < B^{-f} \gtreqless e)$ führt, wobei die zugeordneten realen

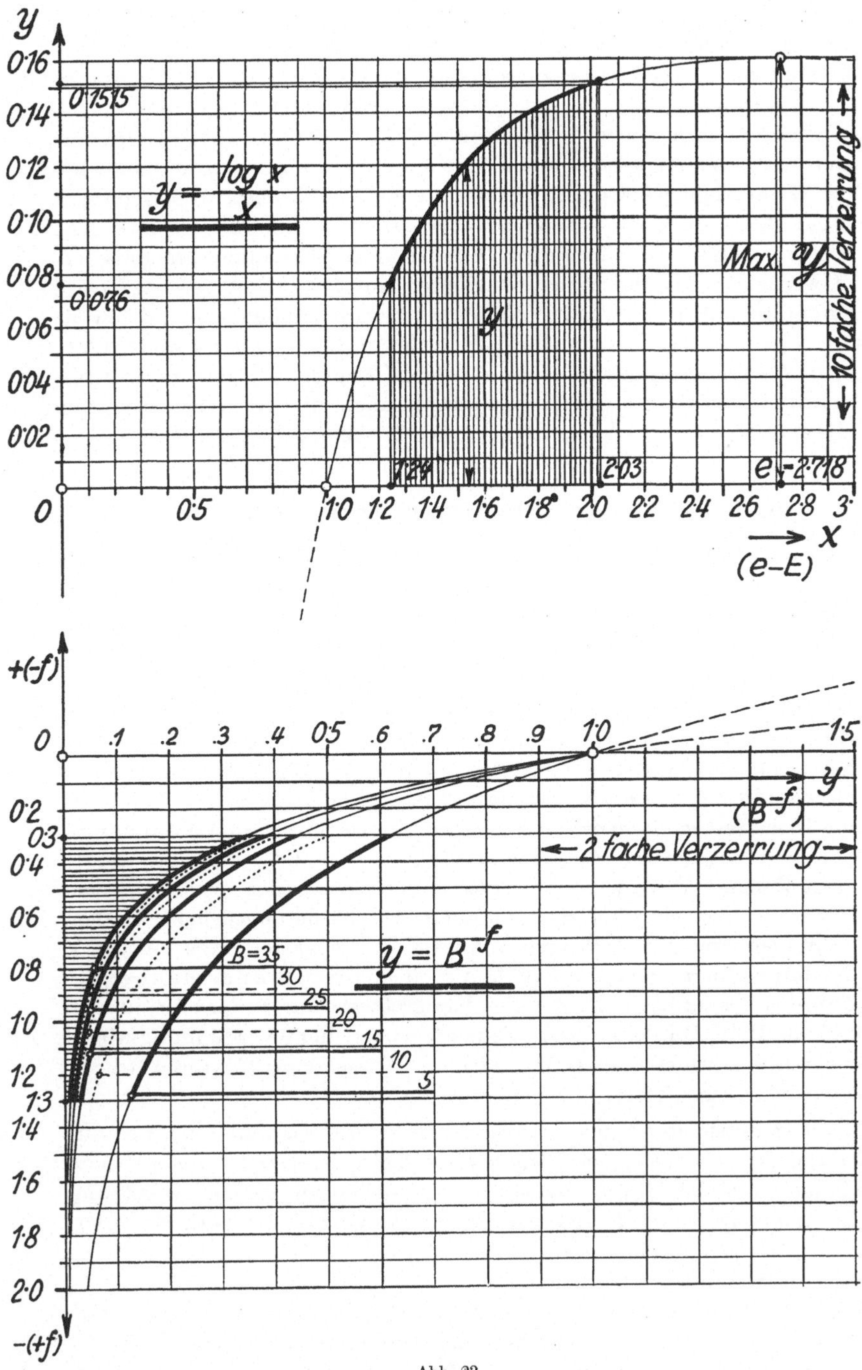

Abb. 23.

Die logarithmischen Abhängigkeiten der Zugfestigkeit und der Druckfestigkeit vom Wasser-Zement-Faktor.

Werte $(+f)$ des unteren Bildes die Werte x des oberen Bildes als oberwähnte „Exponentialdifferenz" liefern.

Sowohl für die **Druckfestigkeit** als auch für die **Biegezugfestigkeit** des jeweiligen Mörtels oder Betons bestimmt sich der **Geltungsbereich der logarithmischen, bezw. der Deklinantenlinie** aus den durch Grenzfestigkeitsversuche mit möglichst kleinen und möglichst großen Wasserzementfaktoren festzustellenden Versuchsergebnissen y_{max} und y_{min}. Nur auf Grund solcher Vorversuche kann für irgendwelche dazwischenliegende Verdünnungen ein sicheres Rechnungsergebnis erwartet werden: sei es für Druckfestigkeiten durch richtige Bewertung des Verdünnungsabfalles B, welcher nämlich aus allen möglichen die jeweils **maßgebende logarithmische Linie des unteren Quadranten** wählt; sei es für Biegezugfestigkeiten durch richtige Begrenzung des **geltenden Deklinantenbogenstückes**, welches zugleich auch die **Bezifferung der jeweiligen Gemengekonstanten** ρ und φ besorgt.

II. Die Formel der siebentägigen Biegezugfestigkeit.

Die praktische Anwendung der Festigkeitsgesetze wird durch die Kurventafel (Abb. 23) auf Millimeterpapier wesentlich sicherer und einfacher als im Rechnungswege.[13]) Selbstverständlich gelten alle Beziehungen nur für streng normgemäß erzeugte und behandelte Versuchskörper. Jene Festigkeitserhöhungen, welche durch vermehrten Arbeitsaufwand oder andere Nachbehandlungen erzielbar sind, bleiben hier außer Betracht.

Die Beiwerte der siebentägigen Druckfestigkeiten im **unteren** Quadranten erscheinen um so größer, **je kleiner** der Wasserzementfaktor f der Mische und der Verdünnungsabfall B des Zementes werden. Um z. B. dieselbe Druckfestigkeit zu erzielen, welche ein Zement vom Verdünnungsabfall $B = 5$ noch beim Wasserzementfaktor $f = 0{\cdot}75$ erreicht, müßte für einen Zement vom Verdünnungsabfall $B = 15$ der Wasserzementfaktor auf $f = 0{\cdot}42$ und bei $B = 30$ auf $f = 0{\cdot}35$ herabgedrückt werden. Im Zusammenhang mit dem ersten Absatz des späteren Abschnittes V wird hiedurch die Bedeutung des B als eines **Bewertungsmaßes für den Zement** erkennbar (vgl. Zürcher Kongreßwerk für Materialprüfungen der Technik 1931, Bd. I, S. 754). Zemente von hohem Verdünnungsabfall sind begreiflicherweise nur mit niedrigen Wasserzementfaktoren (d. h. in steifen oder sehr fetten Mischen) verwendbar.

Demgegenüber dient eine einzige Kurve, die Deklinantenlinie, zur Ermittlung der siebentägigen Biegezugfestigkeiten der oben angegebenen Probebalken aus beliebigen Baustoffen in beliebiger Zusammensetzung und Befeuchtung, soweit sie nur gut zusammenhalten. Die Anpassung hat jeweils durch zwei im Versuchswege zu bestimmende Festwerte der Baustoffgattungen zu geschehen.

Es sind Ziffern zur entsprechenden Vervielfachung des Wasserzementfaktors f, u. zw. als Beiwert von f die sogenannte „Wasserzementgleiche" φ und als Exponent von f die sogenannte „Zementrelation" ρ. Dadurch

---

[13]) Näheres im folgenden Abschnitt III.

wird eine Funktion von f gebildet, welche kurz sein „Exponential" E genannt werden möge:

$$E = \varphi \, . \, f^\rho \gtreqless 1{\cdot}48. \qquad\qquad \dots 16)$$

Wird dieses E vom Abszissenpunkt der Exponentialzahl $e = 2{\cdot}718 \dots$ in negativer Richtung aufgetragen, so erhält man die zum gesuchten Punkt der Deklinantenlinie gehörige Abszisse als „Exponentialdifferenz":

$$x = e - E = 2{\cdot}72 - \varphi \, . \, f^\rho \geqq 1{\cdot}24. \qquad\qquad \dots 17)$$

Die zur Abszisse x gehörige Ordinate $y \gtreqless 0{\cdot}16$ gibt jenen Bruchteil der „Siebentagskonstanten" $C = 500$ an, welcher die gesuchte siebentägige Biegezugfestigkeit τ_7 bildet.

$$\tau_7 = C \, . \, y \gtreqless 85 \; kg./cm^2. \qquad\qquad \dots 18)$$

Aus der Betrachtung des (für zugfestere Betone) praktischen Bereiches der Deklinantenlinie ergeben sich die obigen Grenzziffern, für welche naturgemäß nach Bedingung 17 gilt: $x + E = e = 2{\cdot}72$. Die beiden Stoffgattungswerte, welche aus dem Wasserzementfaktor f das Exponential E bilden, scheinen gegen Veränderungen des Zementes und der Zuschlagstoffe sehr empfindlich zu sein und in weiten Grenzen zu schwanken: $\rho \gtreqless 1$; $\varphi \gtreqless 1{\cdot}48$. Dagegen können den Wert 1 übersteigende Wasserzementfaktoren $f > 1$ nur dann praktisch brauchbare Zugfestigkeiten liefern, wenn zugleich $\rho < 1$ und $\varphi < 1{\cdot}48$ werden. Nach Einsetzung der Deklinantenfunktion in 18 lautet die Formel der siebentägigen Biegezugfestigkeit:

$$\tau_7 = 500 \, . \, \frac{\log (2{\cdot}72 - \varphi \, . \, f^\rho)}{2{\cdot}72 - \varphi \, . \, f^\rho}. \qquad\qquad \dots 19)$$

Angewendet auf unsere mit verschiedenen f ausgeführten Balkenversuchsreihen ergaben sich die in Zusammenstellung 5 ausgewiesenen Stoffgattungswerte, rechnungsmäßigen Biegezugfestigkeiten und deren Streuungen gegenüber den Bestwerten der Bruchproben (siehe S. 90).

III. Die Rechentafeln für das Exponential der Biegezugfestigkeiten und für die Abrams'schen Konstanten.

Das Exponential $E = \varphi \, . \, f^\rho$ bildet gemäß Formel 19 das eigentliche Abszissenargument der Deklinantenlinie, welche im oberen Quadranten der Abb. 23 den Festigkeitsfaktor analytisch darstellt. So wie diese zeichnerische Darstellung die Auswertung der Formel 19 — sobald E bekannt ist — durch bloße Ablesung der bezüglichen Ordinatenwerte y gestattet, so ermöglicht auch die Übertragung der in Abb. 21 analytisch dargestellten Funktion $\left(\dfrac{d}{D}\right)^{\frac{1}{m}} = e^{-\frac{2}{n}}$ auf die Funktion $f^\rho = \dfrac{E}{\varphi}$ deren Darstellung durch ein Bündel logarithmisch-gerader Strahlen.

Zusammenstellung 5.

Postnummer	Zementgattung	Zuschlaggattung: genau zusammengesetztes Gemenge aus	Mischungsverhältnis nach Gewichtsteilen $1:\mu$	Gesamtverteilungszahl λ	Verdünnung K	Wasserzement-faktor f	Zementrelation ρ	Wasserzement-gleiche φ	7tägige Biegezug-festigkeit nach Formel 19	7tägige Biegezug-festigkeit laut Versuch	Streuung absolut	Streuung in Prozent	Anmerkung
1	Marke V frühhochfest	Granulit Kersantit Marchsand	1:5·5	39	1·45	0·37	1·69	4·85	—	71·8	—	—	ρ und φ wurden aus den zwei anderen Versuchswerten berechnet [14]
					1·675	0·425			62·75	62·2	+ 0·55	+ 0·8	
					1·90	0·48			—	45·6	—	—	
2	Marke V gewöhnlich	Ybbsflußmaterial	1:8·5	36·8	1·20	0·42	0·786	2·55	—	53·9	—	—	detto
				36·1	1·29	0·44			—	45·0	—	—	
				37·3	1·27	0·45			48	44·4	+ 4·4	+ 8	
3	Marke III gewöhnlich	Granulit Kersantit Marchsand	1:5·5	39	1·45	0·37	0·397	2·17	—	40·1	—	—	Unverläßliche Nachbehandlung der Balken infolge Temperaturschwankung
					1·675	0·425			30	36·3	— 6·3	— 17	
					1·90	0·48			—	20·0	—	—	

[14] Wer die vielfältigen Operationen auszunützen versteht, welche der A. W. Fabersche Rechenstab Nr. 392 dem Geübten zumeist ohne irgendwelche Notierung von Zwischenergebnissen, also mit unmittelbaren Ablesungen der Resultate, bietet, wird in der praktischen Anwendung der neueren Betontechnologie nebst ihrer Zielsicherheit auch ihre Einfachheit schätzen lernen. Insbesondere kann das gleichzeitige Arbeiten mit zwei Einstrichläufern auf dem Rechenstab empfohlen werden.

Man hat nur in Abb. 21 zu ersetzen: $\dfrac{d}{D}$ durch den Wasserzementfaktor f, $\dfrac{1}{m}$ durch die Zementrelation $\rho = \dfrac{1}{\rho'}$ und die Potenz der Exponentialzahl $e^{-\frac{2}{n}}$ durch den Exponentialquotienten $\dfrac{E}{\varphi}$. Auf diese Weise ergibt sich das Strahlenbild oberhalb der Faktorenachse in der Abb. 24 auf Taf. V. Wie die dortige Erläuterung zeigt, lassen sich die jeweiligen Gemengekonstanten ρ und φ unmittelbar ablesen.

Nun kann sowohl die Frage nach dem Festigkeitsexponential E_x eines gegebenen Wasserzementfaktors f als auch die umgekehrte nach jenem Wasserzementfaktor f_x beantwortet werden, welcher ein gefordertes Festigkeitsexponential E liefert.

Im ersteren Falle hat man die betreffende Faktorlinie mit der jeweils geltenden Relationsbasis zum Schnitt zu bringen und durch diesen Basispunkt den Exponentialstrahl bis zur Quotientenachse zu ziehen. Hier wird der Quotient $\dfrac{E}{\varphi}$ abgelesen und liefert, multipliziert mit φ, das gesuchte Exponential E.

Im zweiten Falle wird das gegebene E durch φ dividiert und der Quotient auf der Quotientenachse aufgesucht, der Strahl zum Scheitel gezogen und mit der Relationsbasis zum Schnitt gebracht. Dieser Basispunkt liegt schon auf der gesuchten Faktorlinie, so daß f unmittelbar abgelesen werden kann.

Die Abb. 23 und 24 gestatten somit zunächst die Gemengekonstanten ρ und φ auf Grund zweier Vorversuche zu ermitteln und hierauf alle Fragen der Biegezugfestigkeit ohne Rechnung zu beantworten.

Ähnlich kann man auch für den unteren Quadranten der Abb. 23, d. h. für die Würfeldruckfestigkeiten, die jeweiligen Konstanten B und A der Abrams-Formel unter Zuhilfenahme der Abb. 25 unmittelbar ablesen.

Wenn die zwei erforderlichen Vorversuche mit Wasserzementfaktoren $f_2 - f_1 = \Delta f \geqq 0.3$ ausgeführt wurden, kann hiebei Abb. 23 ohne Vergrößerung benutzt werden. Sonst müssen die logarithmischen Linien mit verschiedenen Logarithmenbasen B in etwa fünffachem Maßstab aufgetragen werden. Die waagrechte Achse wird hier unmittelbar als Quotientenachse für die Werte $\dfrac{W_x}{A}$ benützt. Da die Differenzen der Logarithmen dieser beiden Versuchswerte unabhängig von der Größe A sind, kann vorläufig $A = 1000$ gesetzt werden, so daß die Quotienten gleich der Bezifferung erscheinen. Die senkrechte Achse gibt dann die negativen Logarithmen aller möglichen Quotienten an, u. zw. für jede Basis $B < \infty$. Liest man für die beiden Versuchswerte $\dfrac{W_1}{1000}$ und $\dfrac{W_2}{1000}$ die Ordinatenlängen der logarithmischen Linie $B = 10$ ab, so erhält man ihre dekadischen Logarithmen.

$$y_1 = \frac{W_1}{A} = B^{-f_1} \quad\Big|\quad \log W_1 - \log A = -f_1 \cdot \log B = \log y_1$$

$$y_2 = \frac{W_2}{A} = B^{-f_2} \quad\Big|\quad \log W_2 - \log A = -f_2 \cdot \log B = \log y_2$$

$$\log y_1 - \log y_2 = (f_2 - f_1) \cdot \log B \quad\Big|\quad \log W_1 - \log W_2 = \underbrace{(f_2 - f_1)}_{\Delta f} \log B = \log y_1 - \log y_2 = D,$$

welcher Wert in Abb. 23 unmittelbar abgreifbar ist.

Nun hat $\log B = \dfrac{D}{\Delta f}$ die Form von trigonometrischen Tangenten, welche in Abb. 25 für alle praktisch vorkommenden B verzeichnet werden können. Man hat dort nur im Abstand Δf von der Grundlinie die

Waagrechten bis zur Abszissenlänge D zu verfolgen, um jenen Punkt zu finden, durch welchen der gesuchte Basisstrahl B hindurchgeht.

Sucht man nun in Abb. 23 die Kurvenpunkte der Linie B auf, welche f_1 und f_2 als senkrechte Ordinaten besitzen, so sind deren Abszissen abzulesen:

$$\frac{W_{x_1}}{1000} = \frac{W_1}{A}, \text{ bezw. } \frac{W_{x_2}}{1000} = \frac{W_2}{A} \text{ und der gesuchte Festigkeitsplafond } A = W_1 : \frac{W_{x_1}}{1000} = W_2 : \frac{W_{x_2}}{1000}.$$

Als Beispiel zeigt die Abb. 25 wie die Konstanten $B = 15 \cdot 6$ und damit auch $A = 1530$ aus einer zehnfachen Tafelgröße (Abb. 23, unterer Quadrant) bestimmt worden sind, wobei $\Delta f = 0 \cdot 065$ und $D = 0 \cdot 078$, also ungemein klein waren (vgl. den Rechnungsweg in Dr. Tillmanns Bericht, S. 5 und 6).

IV. Grundsätzliche Wertung der Bruchversuchsziffern.

Bei der Auswertung der Zugfestigkeitsergebnisse von Balken- oder Zerreißversuchen ist auf die Wesensverschiedenheit gegenüber Druckversuchen Rücksicht zu nehmen. Die beobachteten Streuungen haben in beiden Fällen grundsätzlich verschiedene Bedeutung. Das rührt daher, daß Zug- und Zerreißversuche im wesentlichen die durch chemische Vorgänge bewirkte Widerstandsfähigkeit aufzeigen, während durch Druckversuche auch mehr oder minder bedeutende Einflüsse rein physikalischer Widerstandsursachen erfaßt werden.

Am anschaulichsten wird diese Wesensverschiedenheit, wenn man allmählich gesteigerte Zementanteile durch gleichgekörnte inerte Steinpulver ersetzt denkt. Im Druckversuch wird diese Verschiebung der chemischen und physikalischen Reaktionen zugunsten der letzteren lange nicht so fühlbar werden als im Zug- oder Zerreißversuch, weil letzterer eben hauptsächlich auf der durch rein chemische Reaktion hervorgerufenen Bindekraft im Versuchskörper beruht. Denkt man sich schließlich etwa den ganzen Zementgehalt durch das gleichgekörnte Steinpulver ersetzt, so werden die physikalischen Erscheinungen zwischen letzterem und dem Mischwasser (Kapillarkräfte, Adsorption, Haftfestigkeit infolge der eingebrachten Stampf-, bezw. Pressungsenergien) immerhin sich in höherem Grade als Druck- wie als Zugfestigkeit der chemisch gänzlich ungebundenen Versuchskörper zu äußern vermögen. Mit anderen Worten, die letzteren tragen noch immer zu Druckfestigkeitswerten von gewisser Größe bei, welche in der Gesamtstreuung der Versuchsergebnisse zum Ausdruck gelangen und das Mittel der Druckfestigkeitswerte zugunsten der niedrigen Zementanteile verschieben können. Dagegen spielen im Bereiche dieser niedrigsten Zementanteile die Zugfestigkeitswerte überhaupt keine Rolle mehr, so daß in Wirklichkeit im großen und ganzen das Mittel der belangvollen Zugfestigkeitswerte im Bereiche der größten Zementanteile verbleiben würde.

Aus vorstehendem Gedankengang ergibt sich die Schlußfolgerung, daß die Streuungen von Zug- und Zerreißversuchen ganz anderer Natur sind als jene von Druckversuchen, indem bei ersteren die chemische Reaktion allein immer den Höchstwert der Versuchsergebnisse liefern müßte, wenn nicht die unvermeidlichen Abweichungen in der Versuchsanordnung, in der Versuchsdurchführung und in den zahlreichen Nebenumständen der letzteren auftreten würden. Ganz anders bei Druckversuchsergebnissen, wo überdies die Beiträge der physikalischen Reaktionen von vornherein wesentlichen Schwankungen unterliegen können, welche nicht nur bei den Versuchen, sondern auch bei der Bauausführung unvermeidlich sind.

Während also auch den niedrigeren Werten der Druckversuchsergebnisse (abgesehen von zweifellosen „Ausreißern") ein gleichartiger Häufigkeits-Einfluß wie den hohen eingeräumt werden muß, hält der Berichterstatter es für begründet, die Zugfestigkeit des Mörtels und Betons nur nach den Spitzenwerten aus entsprechend zahlreichen Versuchsergebnissen zu beurteilen und den unvermeidlichen Abweichungen in der Bauausführung nur durch höhere Abminderungsziffern (Sicherheitsgrade) Rechnung zu tragen.

V. Der Zeitzuwachs der Biegezugfestigkeiten.

Für die Druckfestigkeiten gelten nach dem Abramsschen Gesetz die im unteren Bild der Abb. 23 dargestellten logarithmischen Linien nicht nur, wie oben bereits erwähnt, gemäß ihrer Zugehörigkeit zu Ze-

1. Beispiel: Bestimmung der Konstanten ρ und φ eines weichplastischen und eines erdfeuchten Betongemenges.

Versuchsergebnisse:

$$f_1 = 0{\cdot}48 \quad ; \quad f_3 = 0{\cdot}37$$
$$\tau_1 = 45{\cdot}6 \quad ; \quad \tau_3 = 71{\cdot}8$$

$$E = \varphi \cdot f^\rho; \quad \varphi = \cfrac{E}{\left(\dfrac{E}{\varphi}\right)}$$

Ablesungen auf Abb. 23:	Ablesungen auf Abb. 24:
$y_1 = 0{\cdot}0912; \; y_3 = 0{\cdot}1435$	$\rho = 1{\cdot}74$
$x_1 = 1{\cdot}32 \quad ; \; x_3 = 1{\cdot}83$	$\dfrac{E_1}{\varphi} = 0{\cdot}279; \qquad \dfrac{E_3}{\varphi} = 0{\cdot}177$
$E_1 = 1{\cdot}4 \quad ; E_3 = 0{\cdot}89$	daher $\varphi = \dfrac{1{\cdot}4}{0{\cdot}279} = \dfrac{0{\cdot}89}{0{\cdot}177} = 5{\cdot}02$

2. Beispiel: Bestimmung der siebentägigen Biegezugfestigkeit eines anderen Betongemenges derselben Gattung wie vor.

Gegeben: $\rho = 1{\cdot}74$; $\varphi = 5{\cdot}02$; $f_2 = 0{\cdot}425$.

Ablesung auf Abb. 24:	Ablesung auf Abb. 23:
$\dfrac{E}{\varphi} = 0{\cdot}226$	$y_2 = 0{\cdot}1255$
$E_2 = 0{\cdot}226 \cdot \varphi = 1{\cdot}14.$	daher $\tau_2 = 500 \cdot y_2 = 62{\cdot}8 \; kg\,cm^2.$

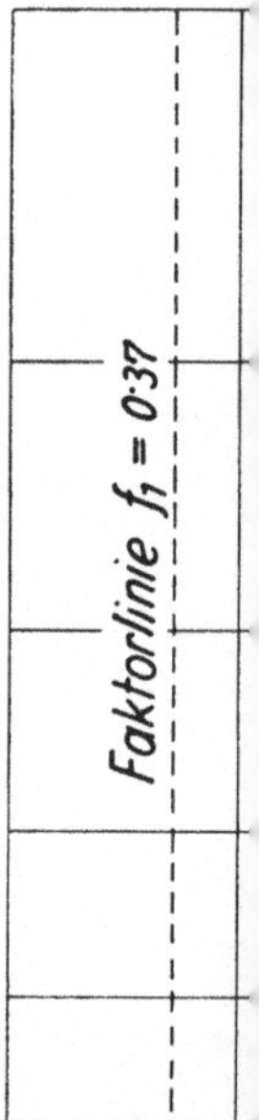

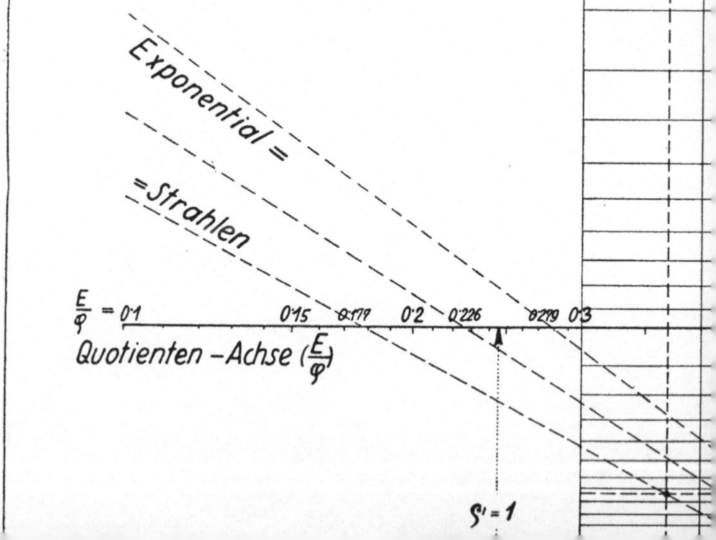

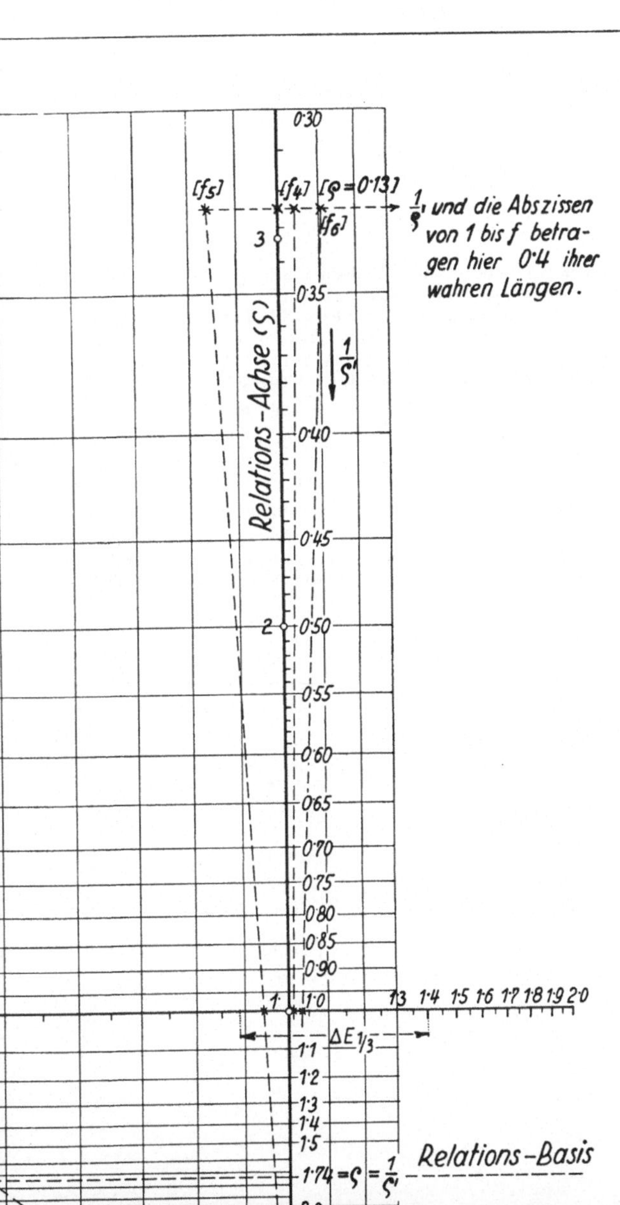

Ziv.-Ing. Ottokar Stern
0·30
[f5]
[f4]
[φ = 0·13]
[f6]
1/s¹ und die Abszissen von 1 bis f betragen hier 0·4 ihrer wahren Längen.
3
0·35
Relations-Achse (ζ)
1/s¹
0·40
0·45
2
0·50
0·55
0·60
0·65
0·70
0·75
0·80
0·85
0·90
1
1·0
1·3 1·4 1·5 1·6 1·7 1·8 1·9 2·0
ΔE 1/3
1·1
1·2
1·3
1·4
1·5
1·74 = ζ = 1/s¹
2·0
Relations-Basis

3. Beispiel: wie 1. Beispiel, jedoch für gießfähige Betongemenge anderer Zusammensetzung.

Versuchsergebnisse:

$$f_4 = 1{\cdot}10; \quad f_5 = 0{\cdot}65$$
$$\tau_4 = 10 \quad ; \quad \tau_5 = 28$$

Ablesungen auf Abb. 23:

$$y_4 = 0{\cdot}02; \quad y_5 = 0{\cdot}056$$
$$x_4 = 1{\cdot}05; \quad x_5 = 1{\cdot}16$$
$$E_4 = 1{\cdot}67; \quad E_5 = 1{\cdot}56$$

Ablesungen auf Abb. 24:

$$\rho = 0{\cdot}13$$
$$\frac{E_4}{\varphi} = 1{\cdot}01; \qquad \frac{E_5}{\varphi} = 0{\cdot}945$$
$$\varphi = \frac{1{\cdot}67}{1{\cdot}01} = \frac{1{\cdot}56}{0{\cdot}945} = 1{\cdot}65$$

4. Beispiel: wie 2. Beispiel, jedoch für die Gemengegattung wie vor.

Gegeben: $\rho = 0{\cdot}13$; $\varphi = 1{\cdot}65$; $f_6 = 1{\cdot}3$.

Ablesung auf Abb. 24:

$$\frac{E}{\varphi} = 1{\cdot}03$$
$$E_6 = 1{\cdot}03 \times 1{\cdot}65 = 1{\cdot}7$$

Ablesung auf Abb. 23:

$$y_6 = 0{\cdot}0105$$

daher $\tau_6 = 500 \cdot y_6 = 5{\cdot}25 \; kg\,cm^2$

Abl

Rechentafel für das Exponenti

Erläu

Der gegenseitige Abstand der logarithmisch geteilten Faktoren- und Quoti führt die senkrechte Relationsachse hindurch, welche oberhalb der Faktorenachs Faktorenachse nur eine gleichmäßig geteilte Hilfslinie zur Ablesung der jeweiligen Quotientenachse abgegriffen werden, so als ob $\varphi = 1$ wäre. Ebenso greift man die ab und trägt sie vom Scheitelpunkt aus auf der Faktorenachse auf und erhält dad mit der auf der Faktorenachse liegenden Seitenlänge 1 zu bilden ist, um als zweite

sich $f_1{}^\rho = \dfrac{E_1}{\varphi}$ und $f_3{}^\rho = \dfrac{E_3}{\varphi}$, und aus diesen Ausdrücken folgt das Verhältnis: $\dfrac{\log f_1 -}{\log E_1 -}$

Nun hat man den Zahlenwert ρ auf der reziproken Relationsachsenteilung sowie deren Schnittpunkte mit den beiden Ordinatenlinien der gegebenen Was diese beiden **Basispunkte** werden nun vom Scheitelpunkt aus die Ex

$f^\rho = \dfrac{E}{\varphi}$, weshalb sie auch die Quotientenachse in den gesuchten Teilungspunkten, d.

Vorversuchen durch Ablesung der entsprechenden Deklinantenordinaten (vgl. Abb. 23 Quotienten zu dividieren, um die unbekannte „Wasserzementgleiche" φ zu e

Für Gußbetone reicht die Tafelgröße nicht hin, weshalb ihre Koordina

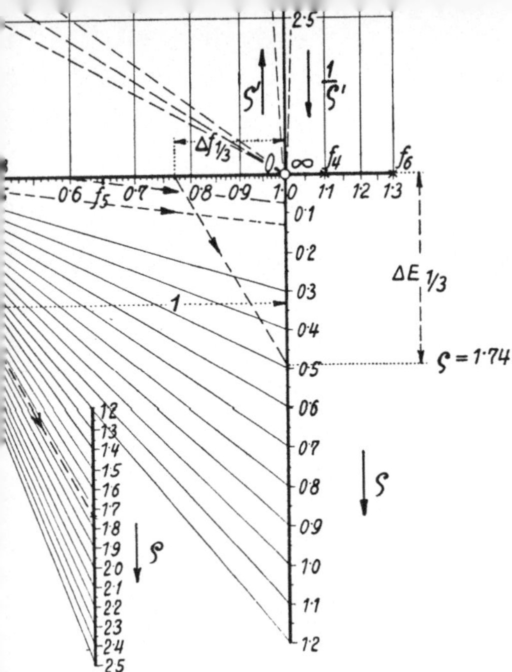

Biegezugfestigkeiten τ.

…se bildet die Längeneinheit. Durch den Teilungspunkt 1 beider Achsen
…proke Teilung der „Zementrelationen" ρ trägt, während sie unterhalb der
…ΔE der durch die Vorversuche ermittelten Exponentiale ist. ΔE kann auf der
…Δf der gleichfalls aus den Vorversuchen bekannten Wasserzementfaktoren
…Dreieck der Differenzen, zu welchem dann bloß ein ähnliches Dreieck
…n den Zahlenwert ρ zu erhalten. (Denn aus je zwei Vorversuchen ergeben
$\frac{1}{ρ}$.)
…n, in diesem Teilungspunkt die waagrechte Relationsbasis einzulegen
…ntfaktoren (kurz mit den Faktorlinien f_1 und f_3) einzuzeichnen. Durch
…alstrahlen gezogen. Sie sind geometrische Örter gleicher Funktionen
…Quotienten $\frac{E_1}{ρ}$ und $\frac{E_2}{ρ}$, schneiden müssen. Da aber E_1 und E_2 aus den zwei
…t sind, so hat man nur diese bekannten Werte durch die eben abgelesenen

…auf 0·4 zu reduzieren sind. (Siehe f_4 bis f_6).

Tafel V

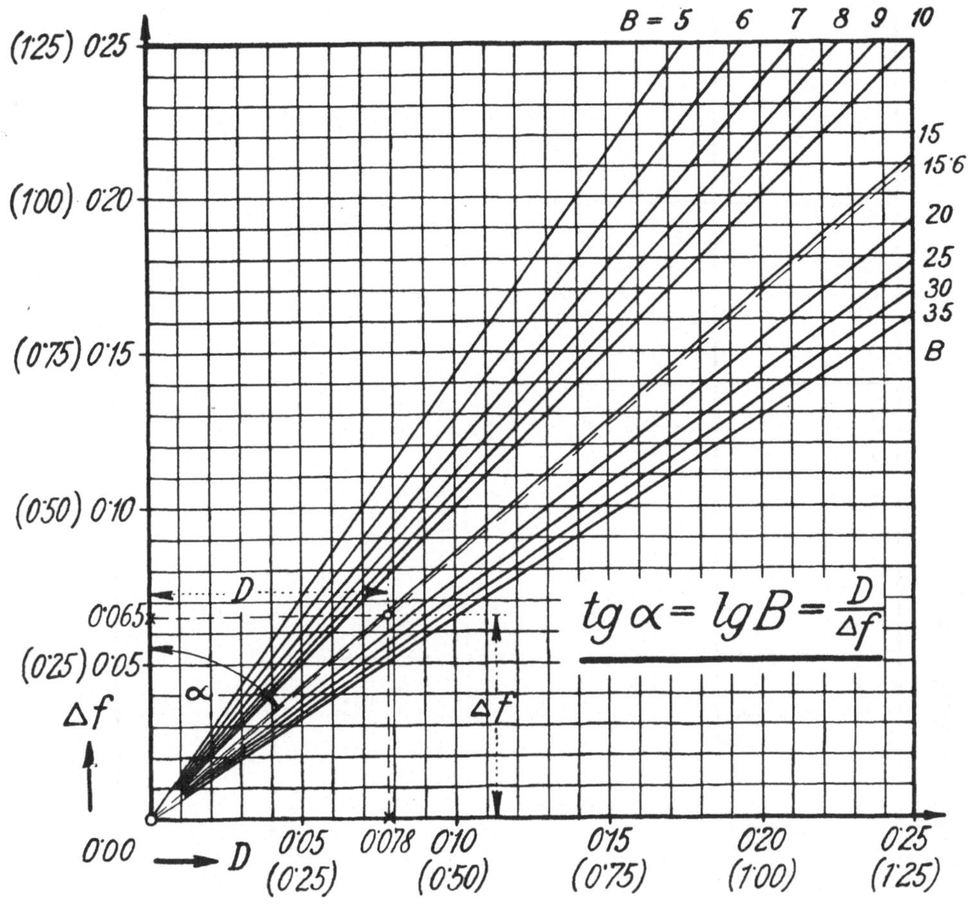

Abb. 25.

Rechentafel für die Abrams'schen Verdünnungsabfälle B.

Auf der Abszissenachse sind die Differenzen D der dekadischen Logarithmen je zweier Würfeldruckfestigkeiten, auf der Ordinatenachse sind die Differenzen Δf der beiden zugehörigen Wasserzementfaktoren aufgetragen. Beide Differenzwerte könnten unmittelbar aus der Originalabbildung 23 (unterer Quadrant) abgegriffen werden, wenn für sie die eingeklammerte Maßteilung gelten würde. Die Maßteilung ohne Klammern bezieht sich dagegen auf Kurven der Abb. 23, welche in fünffachem Maßstab aufzutragen wären.

Der sich ergebende Basisstrahl liefert an den Quadraträndern unmittelbar die Ablesung des gesuchten Verdünnungsabfalls B.

menten verschiedener Bindekraft, sie stellen vielmehr zugleich auch die Entwicklungsstufen der Bindekraft irgendeines bestimmten Zementes in dessen verschiedenen Erhärtungsaltern dar. In jedem dieser Fälle handelt es sich nur darum, durch richtig angelegte Vorversuche die Zugehörigkeit der jeweiligen Logarithmenbasis (des Verdünnungsabfalles) B festzustellen.

Das obere Bild der Abb. 23 gilt aber bloß für die siebentägigen Biegezugfestigkeiten, während der mit fortschreitender Erhärtung, wie sie zumeist mit zunehmendem Alter eintritt, verbundene Zuwachs

Zusammenstellung 6.

Postnummer	Zementgattung	Zuschlagsgattung: genau zusammengesetztes Gemenge aus	Mischungsverhältnis nach Gewichtsteilen $1:\mu$	Gesamtverteilungszahl λ	Wasserzement-faktor f	Biegezugfestigkeit nach 7 Tagen τ_7	Biegezugfestigkeit τ_t nach t Tagen — t	nach Formel 21	laut Versuch	Streuung absolut	in Prozent	Anmerkung
1	Marke V gewöhnlich	Ybbsflußmaterial	1:6·8	36·8	0·385	59·0	19	66·0	60·4	+ 5·6	+ 9·3	
2						56·8		64·2	58·8	+ 5·4	+ 9·2	
3	Marke V frühhochfest	Granulit Kersantit Marchsand	1:5·5	39	0·37	71·8	28	76·3	71·0	+ 5·3	+ 7·5	vgl. Zusammenstellung 5, Postnummer 1
4					0·425	62·2		70·3	73·8	— 3·5	— 4·75	
5					0·48	45·6		57·4	59·7	— 2·3	— 3·9	
6	Marke V gewöhnlich	Ybbsflußmaterial	1:8·5	36·8	0·42	53·9	28	64·4	57·0	+ 7·4	+ 13	vgl. Zusammenstellung 5, Postnummer 2
7					36·1	0·44	45·0		56·8	53·0	+ 3·8	+ 7·2	
8					37·3	0·45	44·4		56·2	56·5	— 0·3	— 0·53	

Wie aus S. 95, Ausdruck (20) ersichtlich ist, besteht für die Erhärtungsalter t nur eine untere, aber keine obere Grenze. Niedrige Siebentagsfestigkeiten erfahren Zuwächse, welche sich nach Maßgabe der Alterung rasch verlangsamen, um sich einem Grenzwert zu nähern.

an Biegezugfestigkeit funktionell durch ein „Zeitzuwachsglied" erfaßt und der dargestellten Formel 19 angefügt werden muß.

Die gesuchte Funktion muß gewissen Versuchserfahrungen Rechnung tragen:

Zunächst, daß die hohen Siebentagsfestigkeiten nur mehr geringe oder überhaupt keine weiteren Erhöhungen durch Nacherhärtung mitmachen. Das Zuwachsglied muß also etwa im gleichen Verhältnis abnehmen wie die Ordinaten der Deklinantenlinie im praktischen Bereich zunehmen, was durch einen Faktor $\dfrac{y}{\max y} = \dfrac{y}{0\cdot16} =$

$= 6\cdot25\,\dfrac{\tau_7}{C} = 0\cdot0125\,.\,\tau_7 = \dfrac{\tau_7}{80}$ erreicht werden kann.

Weiters, daß die Biegezugfestigkeiten mit unseren derzeitigen besten Zementen und mit den wirtschaftlich beschaffbaren Zuschlagstoffen bei normgemäßer Erzeugung kaum 85 kg/cm^2 zu erreichen vermögen. Dieser Umstand kann durch einen Faktor $(85 - \tau_7)$ berücksichtigt werden.

Endlich, daß die Nacherhärtung sich als Biegezugfestigkeit anfangs stärker geltend macht und sehr bald wesentlich verlangsamt wird. Dies mag durch den Zeitfaktor $\dfrac{t-7}{t+7}$ näherungsweise erfaßt werden. Das Zeitzuwachsglied kann also aus obigen Faktoren etwa wie folgt zusammengesetzt werden:

$$\tau_t - \tau_7 = \frac{t-7}{t+7}\cdot\frac{\tau_7}{80}\cdot(85-\tau_7). \qquad \dots\,20)$$

Etwas umgeformt und vereinfacht lautet nun der Ausdruck für die Biegezugfestigkeit im Alter von t Erhärtungstagen, wenn $t \geqq 7$ ist:

$$\tau_t \doteq \frac{20t - \dfrac{t-7}{8}\cdot\tau_7}{10\,t + 70}\cdot\tau_7. \qquad \dots\,21)$$

Wenn dereinst eine absolute „Zementwertigkeit" wird gemessen werden können (vgl. Zürcher Kongreßwerk 1931, Bd. I, S. 753 und 1040), wird es möglich sein, auch ihren Einfluß im Ausdruck 21 zu berücksichtigen. Bis dahin bildet einzig das Maß hiefür der Wert τ_7 selbst, wie aus dem Zähler ersichtlich ist.

In der Zusammenstellung 6 sind einige Beispiele der Berechnung späterer aus den siebentägigen Biegezugfestigkeiten dargestellt und mit den betreffenden Versuchsergebnissen verglichen. Die Streuungen liegen durchwegs innerhalb der betontechnologisch erforderlichen Genauigkeit.

Noch nicht geprüft sind jene Einflüsse auf die Ergebnisse der Formel 19, welche von verschiedenen Zementmischungsverhältnissen bei gleichen Stoffen und von verschiedenen Zuschlagstoffgattungen (Form, Oberflächenbeschaffenheit und Verteilung der Körner) bei gleichen Zementen und Mischungsverhältnissen sowie jene, die von verschiedenen Verarbeitungsweisen der Baustoffe herrühren. Die Durchführung solcher Versuche, deren Umfang den Rahmen des möglichen für den Berichterstatter allein überschreitet, bildet noch einen wichtigen Punkt im laufenden Arbeitsprogramm des UABb. Die vorläufigen Ergebnisse, welche hier im Anhang *C* gesammelt erscheinen, wollen somit nur als eine Vorarbeit für dieses Arbeitsprogramm angesehen werden.